Der praktische Maschinenzeichner

Leitfaden für die Ausführung
moderner maschinentechnischer Zeichnungen

von

W. Apel und **A. Fröhlich**
Betriebsingenieur Konstruktionsingenieur

Zweite, verbesserte Auflage

Mit 117 Abbildungen im Text
und 18 Normblättern

Berlin
Verlag von Julius Springer
1927

ISBN-13: 978-3-642-89313-1   e-ISBN-13: 978-3-642-91169-9
DOI: 10.1007/978-3-642-91169-9

Alle Rechte, insbesondere das der Übersetzung
in fremde Sprachen, vorbehalten.

Vorwort zur ersten Auflage.

Die technische Zeichnung ist die Sprache unserer modernen Technik, weil sie das einfachste, ja oft alleinige Mittel ist, Art, Ausführung und Wirkungsweise einer Maschine oder einer ganzen Anlage genau zu kennzeichnen. Daher ist es unerläßlich, daß sich der Zeichner mit der Anfertigung technischer Zeichnungen eingehend vertraut macht. Ein guter und zuverlässiger Zeichner ist prinzipiell in allen Arbeiten genau und gewissenhaft und somit seinem Vorgesetzten eine geschätzte Kraft.

Im nachfolgenden soll nun, durch Skizzen und Zeichnungen erläutert, in leichtverständlicher Form wiedergegeben werden, was der technische Zeichner zur schnellen praktischen Darstellung im modernen Betriebe nötig hat. Möge dieses Werkchen dem technischen Zeichner im Konstruktionsbureau, dem Studierenden an technischen Hoch- und Mittelschulen, sowie dem Fortbildungsschüler ein treuer Ratgeber sein.

Hannover, im Dezember 1920.

W. Apel.
Konstruktionsingenieur.

A. Fröhlich.
Konstruktionsingenieur und Dozent
für allgemeinen Maschinenbau.

Vorwort zur zweiten Auflage.

Die freundliche Aufnahme, die dieses Werkchen fand, veranlaßte uns, die zweite verbesserte Auflage in Anlehnung an die vom Normenausschuß der deutschen Industrie herausgegebenen Zeichnungsnormen zu veröffentlichen.

Das Werkchen ist sorgfältigst in allen Teilen dem neuesten Stande des Zeichnungswesens angepaßt worden. Durch zahlreiche Erweiterungen und Verbesserungen hat das Büchlein eine nicht unwesentliche Bereicherung erfahren.

Diejenigen Normenblätter, welche in den Rahmen dieses Werkchens fallen, sind im Anhang zum Abdruck gebracht.

Für die vielen Anregungen zur Verbesserung und Vervollständigung unseres Büchleins bringen wir an dieser Stelle unsern besten Dank zum Ausdruck.

Hannover, Harburg, im Dezember 1926.

W. Apel.
Betriebsingenieur.

A. Fröhlich.
Konstruktionsingenieur.

Inhaltsverzeichnis.

- I. Skizzen 1
    - 1. Allgemeines 1
    - 2. Die geometrische Skizze 1
    - 3. Die perspektivische Skizze 2
    - 4. Verwendung der Skizzen (Aufnahme- und Entwurfskizze) 3
- II. Projektionen und deren praktische Anwendung 4
- III. Schnitte und deren Anwendung 6
- IV. Bruchlinien 7
- V. Schraubendarstellungen 7
    - 1. Das Aufzeichnen der Schraubenlinie 7
    - 2. Scharfgängige und flachgängige Schrauben 8
    - 3. Rechtsgängiges und linksgängiges Gewinde 8
    - 4. Gewindedarstellungen 8
    - 5. Darstellung des scharfgängigen Gewindes 9
    - 6. Darstellung des flachgängigen Gewindes 9
    - 7. Schrauben- und Mutterndarstellungen 10
- VI. Ausziehen 12
- VII. Schraffieren 13
- VIII. Schattieren 13
- IX. Das Eintragen der Maße 14
    - 1. Verteilung der Maße 16
    - 2. Maßlinien 20
    - 3. Maßpfeile 21
    - 4. Maßzahlen 22
    - 5. Gewinde 23
    - 6. Kegelmaße 23
    - 7. Toleranzen und Passungen 23
    - 8. Prüfen der Maße 23
    - 9. Maßänderungen 23
- X. Angabe der Bearbeitung 24
    - 1. Allgemeines 24
    - 2. Oberflächenzeichen 25
    - 3. Bearbeitungs- und Behandlungsangaben 26
- XI. Bemerkungen auf der Zeichnung 26
- XII. Anlegen der Schnittflächen 27
- XIII. Beispiel für die Reihenfolge der Anfertigung einer technischen Zeichnung 28
    - 1. Anfertigung der Bleizeichnung 28
    - 2. Ausarbeitung der Bleizeichnung 28
    - 3. Anfertigung der Tuschpause 29
- XIV. Wie muß eine technische Zeichnung beschaffen sein, wenn sie den Anforderungen der Werkstatt genügen soll? 29
- XV. Zeichenutensilien 30

Anhang: Zeichnungsnormen 32

I. Skizzen.

1. Allgemeines.

Eine mit den einfachsten Mitteln kurz angedeutete und meist freihändige Zeichnung nennt man Skizze. Hierbei handelt es sich aber nicht um eine lässig hingeworfene Zeichnung von untergeordneter Bedeutung, sondern um eine klare und wohlüberlegte Darstellungsweise. Der Aufwand an Zeit und Arbeitskraft soll aber nicht dazu dienen, um der Skizze ein besonders schönes und gefälliges Aussehen zu geben; denn hier haben wir es nicht mit einer künstlerischen, sondern mit einer technischen Skizze zu tun. Diese soll stets das Ergebnis zweckmäßigen und wirtschaftlichen Arbeitens sein.

Wenn wir einen Gegenstand zu Papier bringen wollen, müssen wir ihn zunächst innerlich verarbeiten. Erst wenn das innere Bild fertig ist, können wir mit dem Skizzieren beginnen. Die Fähigkeit des äußeren Gestaltens wächst mit der Vollkommenheit und Kraftfülle des Vorstellungsbildes. Je klarer und intensiver die innere Anschauung ist, desto schneller und sicherer können wir den Gegenstand äußerlich zur Darstellung bringen.

2. Die geometrische Skizze.

Die geometrische Skizze, die den Regeln der rechtwinkligen Parallelprojektion entspricht, zeigt uns körperliche Gebilde in flächenhafter Darstellung. Die zur Kennzeichnung des Körpers notwendigen Ansichten und Schnitte werden in einzelnen Bildern zur Darstellung gebracht. Ein Beispiel möge dies erläutern:

Es soll ein Prisma mit rechteckiger Grundfläche dargestellt werden (Abb. 1). Ein solches Prisma hat bekanntlich 6 Flächen, von denen je 2 Flächen einander gleich sind. Die zeichnerische Darstellung kann sich infolgedessen auf die Wiedergabe der 3 charakteristischen Flächen (Grundfläche *I*, Vorderfläche *II* und Seitenfläche *III*) beschränken.

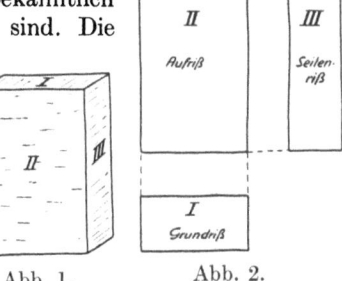

Abb. 1.   Abb. 2.

Diese Flächen erscheinen in der geometrischen Skizze (Abb. 2) als einzelne Bilder. Die Anordnung dieser Bilder, welche Projektionen oder Risse genannt werden, hat nach DIN 6 (Deutsche Industrie-Normen Nr. 6) zu erfolgen. Hiernach sollen die Körper immer in der Gebrauchslage gezeichnet werden. Wir wollen in unserem Falle annehmen, daß das Prisma auf der kleinsten Fläche (Grundfläche *I*) ruht. Im allgemeinen zeichnet man zuerst den Grundriß, dann den Aufriß und zuletzt den Seitenriß. Die Anordnung und Übertragung der einzelnen Risse geht aus Abb. 2 ohne weiteres hervor.

Die vorstehenden Ausführungen, insbesondere aber die Figuren der Abb. 2, lassen eine flächenhafte Darstellungsweise erkennen. Das Körperhafte kann infolge fehlender Tiefenwirkung nicht in Erscheinung treten. Die geometrischen Skizzen sind aber sehr einfach in der Ausführung und nicht selten auch deutlicher als perspektivische. Wenn es sich z. B. um die Wiedergabe eines einfachen Drehkörpers handelt, wird man immer die geometrische Darstellungsweise bevorzugen (Abb. 3).

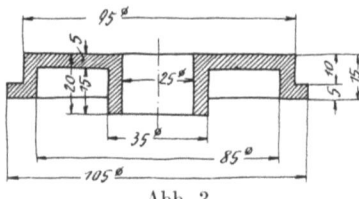

Abb. 3.

3. Die perspektivische Skizze.

Zur schnelleren Wiedergabe einfacher und zur Veranschaulichung besonders komplizierter Maschinenteile, die in der üblichen rechtwinkligen Parallelprojektion ein unübersichtliches und im ganzen schwer erkennbares Bild geben, bringt man häufig die perspektivische Darstellung zur Anwendung, weil diese der natürlichen Anschauung am nächsten liegt. Den körperhaften Eindruck erwecken die perspektivischen Skizzen dadurch, daß sie mehrere Seiten des Körpers gleichzeitig in Erscheinung treten lassen. Der Wirklichkeitscharakter derartiger Skizzen kann durch Schraffieren der Schattenpartien noch bedeutend gesteigert werden (Abb. 4). Die körperlichen Gebilde setzen sich meist aus einfachen Flächen und Körpern zusammen, von denen einige immer wiederkehren. Am häufigsten kommen Rechtecke, Kreise, Prismen und Zylinder vor. Der Anfänger sollte diese grundlegenden Formen fleißig skizzieren. Abb. 5 zeigt einen zusammengesetzten Körper mit den grundlegenden Formen in perspektivischer Darstellung.

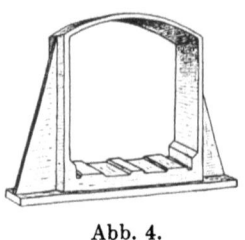

Abb. 4.

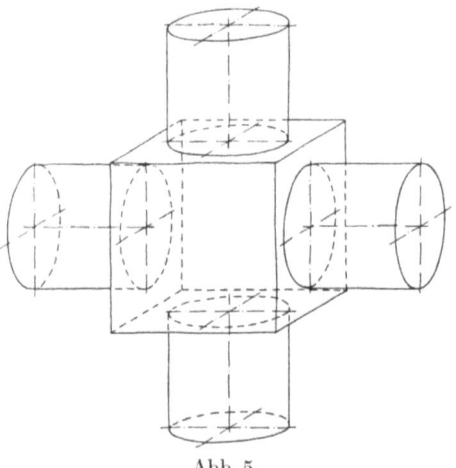

Abb. 5.

Beim perspektivischen Skizzieren arbeitet man in ähnlicher Weise wie der Tischler bei Anfertigung eines Modells. Dieses wird gewöhnlich nicht aus dem Vollen gearbeitet, sondern aus einzelnen Teilen zusammengesetzt (siehe Abb. 72). Man zeichnet zunächst den Hauptkörper und fügt dann nacheinander die übrigen Teile an. Das folgende Beispiel soll diese Arbeitsweise erläutern.

Werdegang einer perspektivischen Skizze.

I. Arbeitsstufe: Darstellung der Lagerbüchse (Abb. 6a). Zunächst deutet man die Mittellinien an. Die unter einem Winkel von 30° geneigte Längsachse wird zuerst angedeutet. Dann zeichnet man die beiden ringförmigen Stirnflächen und verbindet diese durch parallele Linien.

II. Arbeitsstufe: Darstellung der Grundplatte (Abb. 6b). Man fange stets mit den senkrechten Linien an, und zwar zuerst mit den vorderen. Im vorliegenden

Falle beginnt man also mit den beiden senkrechten Linien der vorderen Stirnfläche und zieht dann die dazugehörigen wagerechten Linien. Nun deutet man in derselben Weise auch die hintere Stirnfläche an, welche schließlich mit der vorderen durch parallele Linien verbunden wird.

III. Arbeitsstufe: Einzeichnen der Längsrippe (Abb. 6c). Das Einzeichnen der Längsrippe erfolgt nach den Richtlinien der II. Arbeitsstufe.

IV. Arbeitsstufe: Einzeichnen der Querrippe (Abb. 6d). Bevor man mit dem Einzeichnen der Querrippe beginnt, deute man die Mittellinien und die Breite der Rippen an.

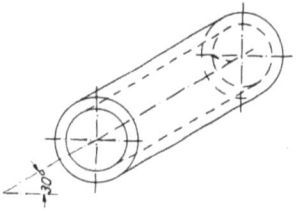

Abb. 6a.

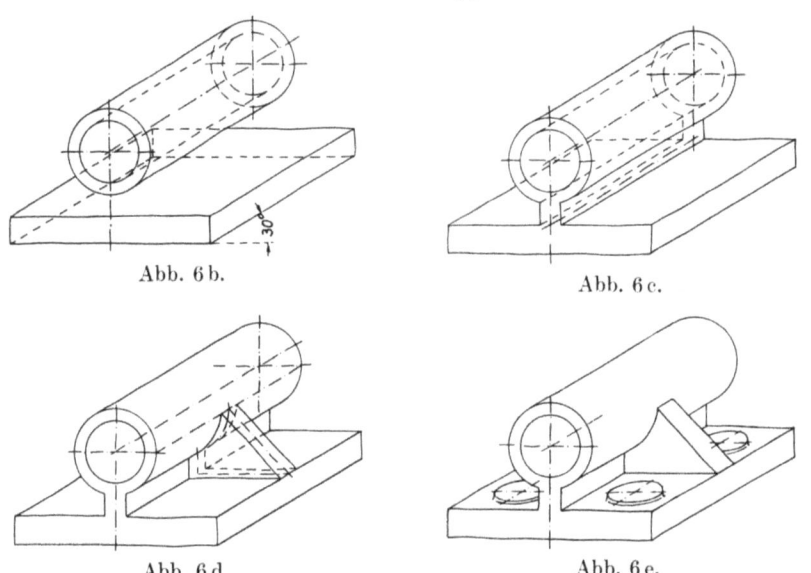

Abb. 6b. Abb. 6c.

Abb. 6d. Abb. 6e.

V. Arbeitsstufe: Einzeichnen der Warzen (Abb. 6e). Auch hier deute man wieder zuerst die Mittellinien an.

Das perspektivische Skizzieren ist ein vorzügliches Mittel zur Bildung des Vorstellungsvermögens. Der Anfänger sollte sich dieser Darstellungsweise in weitestgehendem Maße bedienen.

4. Verwendung der Skizzen (Aufnahme- und Entwurfskizze).

Die maschinentechnische Skizze findet vorwiegend bei der Aufnahme von Maschinenteilen und beim Entwerfen derselben Anwendung. Wenn die Form- und Größenverhältnisse eines vorhandenen Maschinenteiles bestimmt werden sollen, bedient man sich der sogenannten Aufnahmeskizze. Nach dieser wird dann meist die genaue Werkzeichnung angefertigt. Die Aufnahmeskizze soll das Wesentliche zweifellos richtig und vollständig zum Ausdruck bringen. Ein kleines Versehen oder ein fehlendes Maß kann oft große Schwierigkeiten verursachen. Wichtige Maße sollen stets doppelt gemessen werden. Auch versäume man nie, die Einzellängen durch die Gesamtlänge zu kontrollieren. Die Skizze ist mit nicht zu hartem Bleistift freihändig auszuführen. Denn bei Aufnahme an Ort und Stelle sind zeichnerische Hilfsmittel nicht immer vorhanden; oft wird auch die Aufnahmezeit sehr knapp bemessen sein. Die Dimensionen des betreffenden Gegenstandes sind möglichst proportional wiederzugeben, jedoch ist die Innehaltung eines bestimmten Maßstabes nicht erforderlich und freihändig ja auch kaum durchführbar. Das Ausmessen des Maschinenteiles soll erst dann erfolgen, wenn die erforderlichen Maßlinien restlos eingetragen sind. Dadurch verhütet man, daß Maße von Wichtigkeit vergessen werden. Bei der Aufnahme von Maschinenteilen wird man die Maße oft anders eintragen müssen als bei Werkzeichnungen. Abb. 7 zeigt z. B. die Maßeintragung für die Mittenentfernung zweier Wellen bzw. Bohrungen. Das zweite Entfernungsmaß soll der Kontrolle dienen.

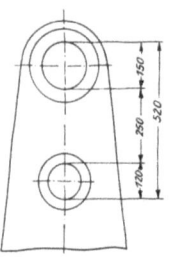
Abb. 7.

Für die Aufnahme kommen nur wenige Hilfsmittel in Betracht. Mit einem Skizzenblock, einem Bleistift Nr. 2 oder 3 und einigen Meßwerkzeugen wird man in den meisten Fällen auskommen. Die zu verwendenden Meßwerkzeuge werden durch die Art und Größe der Aufnahmeobjekte bestimmt. Es können folgende Meßwerkzeuge in Frage kommen: Ein Maßstab, ein Lineal, ein Anschlagwinkel, ein Taster, eine Schublehre, eine Gewindelehre, ein Lot und ein Bandmaß.

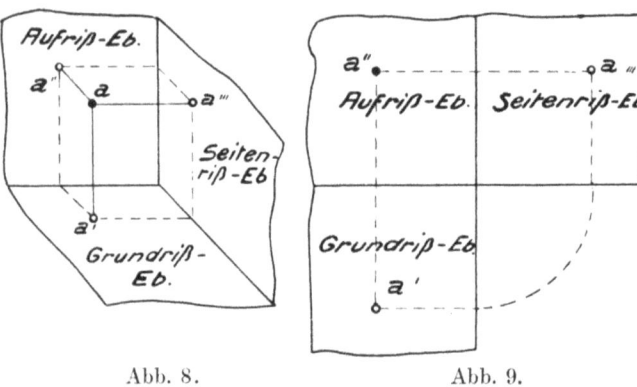
Abb. 8.   Abb. 9.

Die Entwurfsskizzen finden beim Entwerfen von Maschinenteilen Verwendung. Sie bilden die Grundlage für die Anfertigung einer Konstruktionszeichnung. Mit Hilfe dieser Skizzen werden die wesentlichen Konstruktionsteile festgelegt.

II. Projektionen und deren praktische Anwendung.

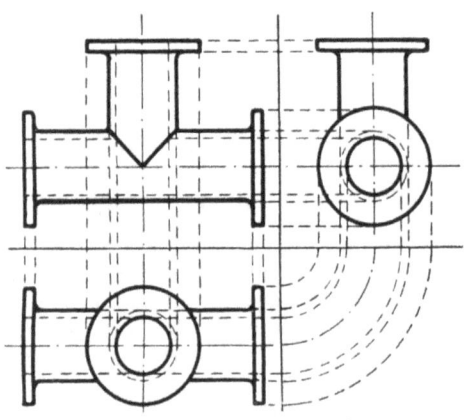
Abb. 10. Darstellung eines T-Stückes in rechtwinkliger Projektion.

Die Darstellung erfolgt auf sogenannten Bild- oder Projektionsebenen, welche unter einem Winkel von 90° zueinander geneigt sind. Nach der Lage dieser Ebenen unterscheidet man eine Grundriß-, Aufriß- und Seitenrißebene. Die auf diesen Ebenen ausgeführten Projektionen heißen Grundriß, Aufriß und Seitenriß.

Um den Punkt a eines Körpers (Abb. 8) auf alle drei Projektionsebenen darzustellen, zieht man von diesem Winkelrechte aa', aa'' und aa'''. Die Punkte a', a'' und a''' stellen sodann den Grundriß, Aufriß und Seitenriß des Punktes a dar.

Projektionen und deren praktische Anwendung.

Das Zeichnen auf den unter einem Winkel von 90° zueinander geneigten Ebenen ist jedoch praktisch nicht durchführbar, daher klappt man die Projektionsebenen auseinander, so daß sie in einer Ebene liegen (Abb. 9).

Abb. 10 zeigt die Darstellung eines T-Stückes in rechtwinkliger Projektion.

Die den Regeln der darstellenden Geometrie entsprechende und in Deutschland allgemein zur Anwendung gelangende Darstellungsart, das Klappverfahren, zeigt Abb. 11.

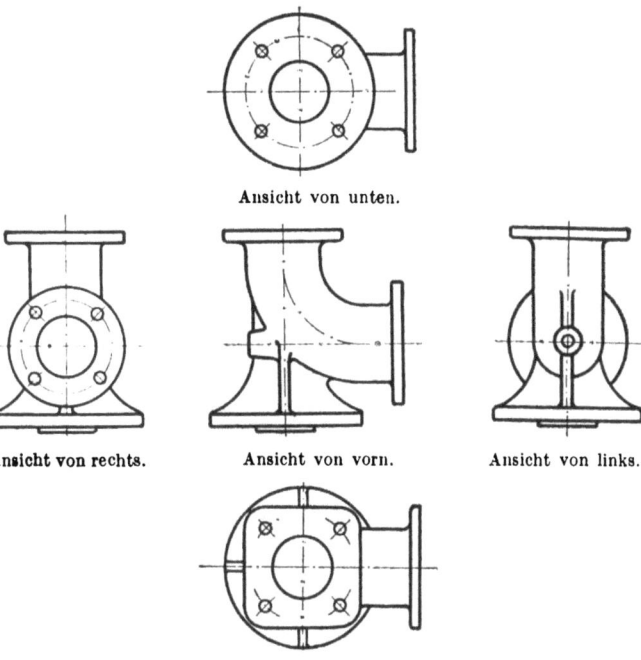

Abb. 11. Darstellung nach dem Klappverfahren.

Das sogenannte Schwenkverfahren nach Abb. 12 ist vorwiegend in Amerika gebräuchlich. Von Vorteil ist hier, daß der Arbeiter weniger leicht die Seiten verwechselt, da die rechte Seite rechts und die linke Seite links liegt. Die deutschen Zeichnungsnormen schreiben das Klappverfahren nach Abb. 11 vor. Sind Abweichungen von dieser Darstellungsart nicht zu vermeiden, so ist die Sehrichtung durch einen Pfeil mit großem Buchstaben zu kennzeichnen (Abb. 13).

Die Anzahl der erforderlichen Projektionen richtet sich nach der Form des darzustellenden Gegenstandes. Es müssen so viele Projektionen ausgeführt werden, wie

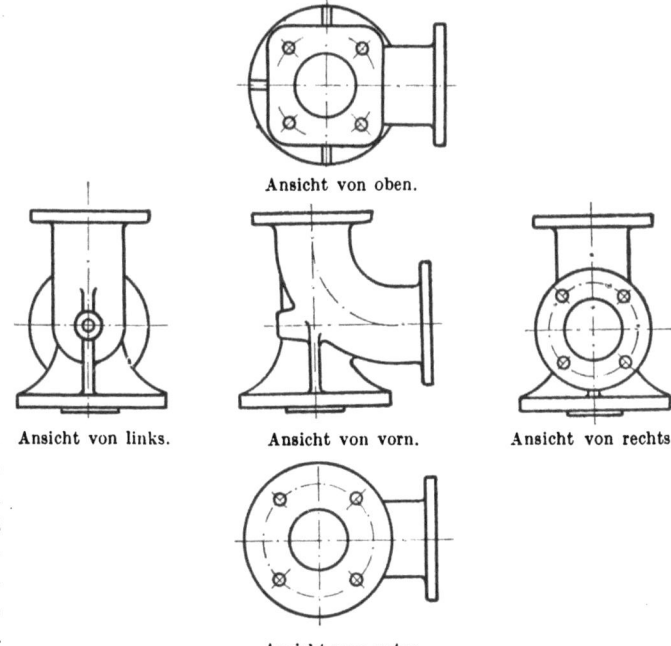

Abb. 12. Darstellung nach dem Schwenkverfahren.

zur genauen Festlegung des Gegenstandes nötig sind. Im allgemeinen wählt man die Projektionen Aufriß, Grundriß und Seitenriß. Wenn die Festlegung nur zwei Projektionen erfordert, kann die dritte weggelassen werden.

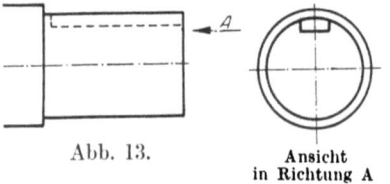

Abb. 13.   Ansicht in Richtung A

Einfache Körper, wie Schrauben, Bolzen, Büchsen usw., werden oft schon durch eine Projektion genügend gekennzeichnet.

Nach DIN 6 sollen die Gegenstände im allgemeinen in der Gebrauchslage gezeichnet werden. Bei der Darstellung von Einzelteilen, die in verschiedenen Lagen verwendet werden, wie Schrauben, Bolzen, Büchsen, Zahnräder usw., sind Abweichungen von dieser Regel zulässig. Nach demselben Normenblatt sind Teile mit schräg im Raume liegenden Achsen in Einzeldarstellungen wagerecht oder senkrecht anzuordnen. Drehteile, d. s. Teile, für welche vorwiegend Dreharbeiten in Betracht kommen, sollte man stets in der Arbeitslage, also wagerecht zeichnen.

III. Schnitte und deren Anwendung.

In der Ausführung der Zeichnungen bilden die Schnitte ein wichtiges Kapitel. Sie dienen vorwiegend zur Veranschaulichung der Wandstärken und Teile, die im Inneren des Körpers liegen. Durch sachgemäße Anbringung eines Schnittes erspart man oft weitere Ansichten.

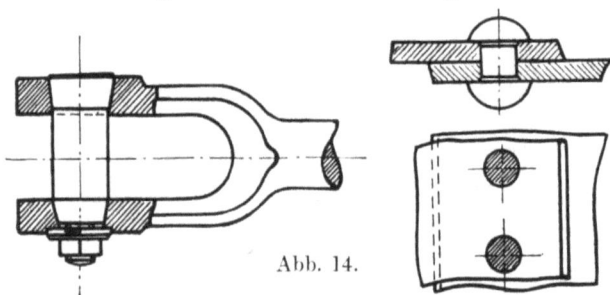

Abb. 14.

Nachstehend seien die verschiedenen Arten der Schnitte zusammengefaßt:

1. Grundsätzlich wird der vor der Schnittebene liegende Teil nicht markiert.

2. Niete, Schrauben, Bolzen, Wellen, Keile usw. schneidet man gewöhnlich nicht; liegt jedoch der Schnitt quer zur Längsachse, so schneidet man auch diese (Abb. 14).

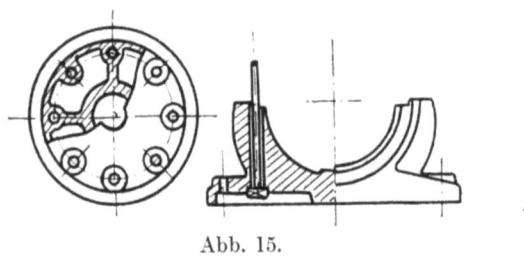
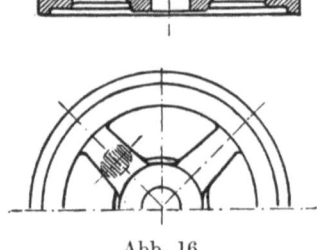

Abb. 15.   Abb. 16.

3. Oftmals führt man den Schnitt nur für eine halbe Figur oder einen Teil derselben aus, der andere Teil bleibt Ansicht (Abb. 15).

4. Riemen- und Schwungscheiben, Zahnräder usw. schneidet man in Kranz und Nabe, Arme bleiben Ansicht (Abb. 16).

5. Fällt gegebenenfalls die Schnittebene nicht mit der Mittellinie zusammen, oder schneidet man in verschiedenen Ebenen, so wird dieser Schnitt durch Buchstaben oder Ziffern gekennzeichnet (Abb. 17).

6. Bei gußeisernen Streben, Träger- und Armprofilen zeichnet man häufig, um Platz oder einen weiteren Schnitt zu sparen, den Schnitt gegen die Zeichnungsebene um 90° gedreht heraus oder auch strichpunktiert in die Zeichnung hinein (Abb. 18).

7. Um den Einbau besonderer Teile zu kennzeichnen, deutet man die anschließenden durch dünnere Strichstärken an (Abb. 19).

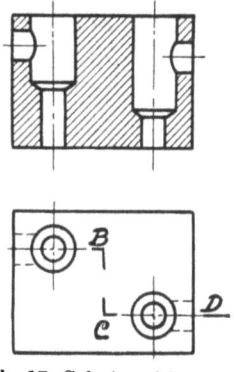

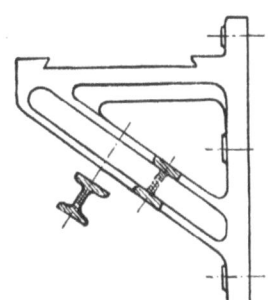

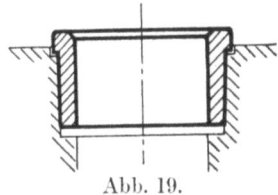

Abb. 17. Schnitt $ABCD$.   Abb. 18.   Abb. 19.

IV. Bruchlinien.

In vielen Fällen genügt der zur Verfügung stehende Raum nicht, um den betreffenden Gegenstand in wahrer Größe aufzuzeichnen. Oftmals ändert sich auch der Querschnitt auf der ganzen Länge des Körpers nicht, so daß man den Körper verkürzt (gebrochen) darstellen kann. Die Bruchlinien zieht man freihändig (Abb. 20 und 21).

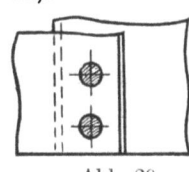

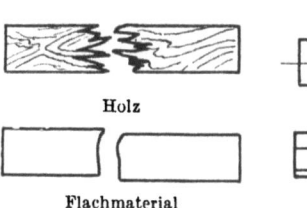

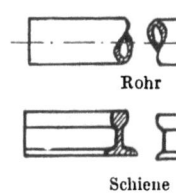

Rundmaterial

Holz   Rohr

Flachmaterial   Schiene

Abb. 20.   Abb. 21.

V. Schraubendarstellungen.

Denkt man sich das Dreieck ABC (Abb. 22) mit den eingeschriebenen Abmessungen derart um einen Zylinder gewunden, daß sich die Grundlinie (Basis) AB des Dreiecks mit dem Umfange der Zylindergrundfläche deckt, so beschreibt die Hypotenuse AC des Dreiecks ABC eine Schraubenlinie.

1. Das Aufzeichnen der Schraubenlinie.

Zunächst teilt man den Umfang des Zylinders (Abb. 23) in eine beliebige Anzahl Teile, z. B. 12; ferner die Grundlinie (Basis) des zu umwickelnden Dreiecks

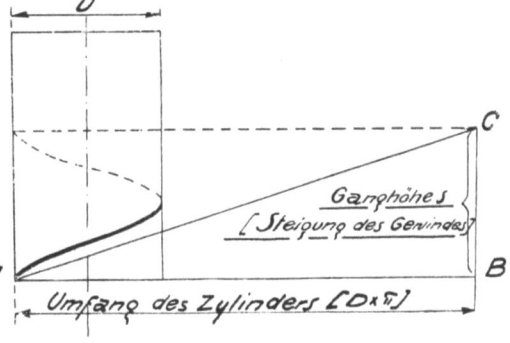

Abb. 22.

in die gleiche Anzahl Teile. Sodann errichtet man in den Teilpunkten der Grundlinie *1', 2', 3'* usw. Senkrechte, welche die Hypotenuse des Dreiecks in den Punkten *1", 2", 3"* usw. schneiden. Zieht man nun durch die Teilpunkte der Hypotenuse Wagerechte und durch die des Grundkreises Senkrechte, so ergeben die Schnittpunkte derselben die **Schraubenlinie**.

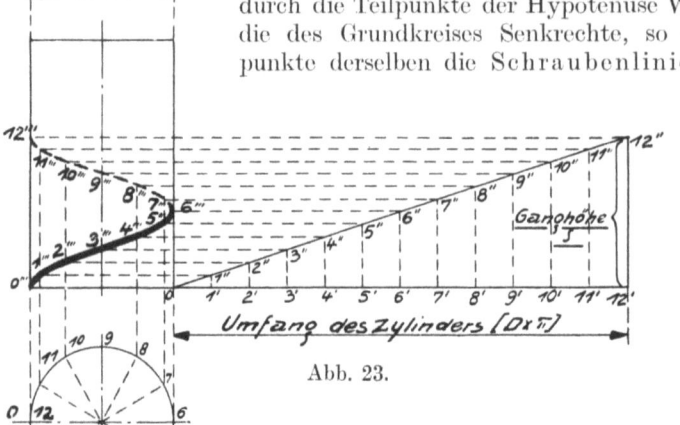

Abb. 23.

2. Scharfgängige und flachgängige Schrauben.

Windet man einen prismatischen Stab von dreieckigem Querschnitt derart um einen Zylinder, daß er der Schraubenlinie folgt, so entsteht eine **scharfgängige** Schraube (Abb. 24). Wird dagegen ein solcher von rechteckigem oder quadratischem Querschnitt aufgewunden, so ergibt sich die **flachgängige** Schraube (Abb. 25).

Ordnet man mit dem ursprünglichen Stabe gleichlaufend noch mehrere solcher Stäbe an, so erhält man eine **mehrgängige** Schraube. Den Zylinder nennt man **Kern** der Schraube, den aufgewundenen prismatischen Stab **Gewinde**.

3. Rechtsgängiges und linksgängiges Gewinde.

Ein Gewinde heißt **rechtsgängig**, wenn die Schraubenlinie, von außen gesehen, von links nach rechts ansteigt, oder **linksgängig**, wenn dieselbe von rechts nach links ansteigt (Abb. 26 und 27).

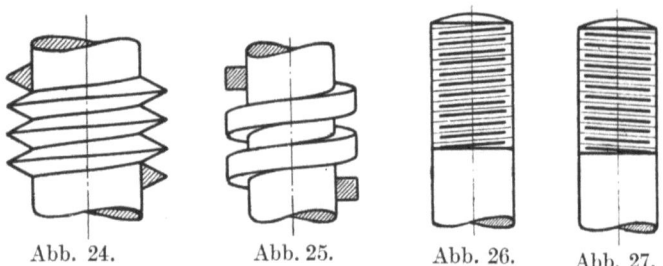

Abb. 24.   Abb. 25.   Abb. 26.   Abb. 27.

4. Gewindedarstellungen.

Die Darstellung des Gewindes nach Abb. 28 und 29 (DIN 27) ist am gebräuchlichsten.

Die Außenlinien des Bolzengewindes (Abb. 28) werden voll ausgezogen, die Innenlinien gestrichelt. Die im Schnitt gezeichnete **Mutter** (Abb. 29) zeigt die umgekehrte Darstellungsweise. Hier werden die Innenlinien voll ausgezogen und die Außenlinien gestrichelt.

Abb. 30 zeigt eine **Schraubenverbindung im Schnitt**. Die Darstellung des Bolzengewindes ist hier die gleiche wie in Abb. 28. Für das freiliegende Muttergewinde gilt die in Abb. 29 angegebene Darstellungsweise.

Bei Sackgewindelöchern (Abb. 31) wird der kegelige Abschluß des Kernloches mit Hilfe des 30°- bzw. 60°-Winkels gezeichnet.

Die Abb. 28 bis 30 gelten für alle Gewindearten.

5. Darstellung des scharfgängigen Gewindes.

Soll ein Schraubengewinde nach Abb. 34 oder 35 dargestellt werden, so verfährt man wie folgt:
Zunächst zeichnet man die inneren und äußeren Begrenzungslinien des Ge-

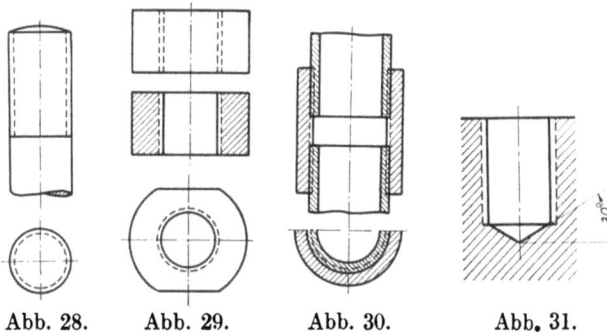

Abb. 28.   Abb. 29.   Abb. 30.   Abb. 31.

windes wie in Abb. 33. Dann bestimmt man die Höhe eines Gewindeganges aus der Schraubentabelle. Daselbst ist die Anzahl der Gewindegänge auf 1" engl. angegeben. Um die Ganghöhe (Steigung) des Gewindes zu erhalten, hat man also nur 1" engl. = 25,4 mm durch die Anzahl der Gewindegänge zu teilen. In der Schraubentabelle ist z. B. für eine $^3/_4$"-Schraube die Anzahl der Gewindegänge gleich 10 angegeben. Also Steigung: $s = \dfrac{1''}{10} = \dfrac{25{,}4}{10} = 2{,}54$ mm.

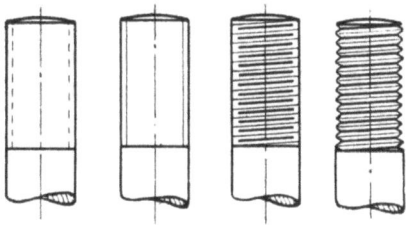

Abb. 32 bis 35.
Darstellung des scharfgängigen Gewindes.

Hat man die Steigung des Gewindes ermittelt, so trägt man in Punkt b (Abb. 36) die halbe Ganghöhe auf und verbindet a mit c. Dann zieht man im Abstand der Steigung zu der geneigten Linie ac Parallele zwischen den äußeren und in halben Zwischenräumen Parallele zwischen den inneren Begrenzungslinien.

6. Darstellung des flachgängigen Gewindes.

Im allgemeinen wird flachgängiges Gewinde nach Abb. 28 bzw. 29 gezeichnet. Die Abb. 37 bis 39 zeigen ausführlichere Darstellungsmethoden.

Soll ein Gewinde nach Abb. 37 aufgezeichnet werden, so zieht man zunächst die inneren und äußeren Begrenzungslinien des Gewindes. Ferner trägt man im Punkt b die halbe Ganghöhe auf und verbindet Punkt a mit c. Sodann zieht man

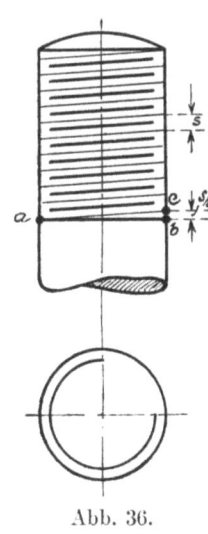

Abb. 36.

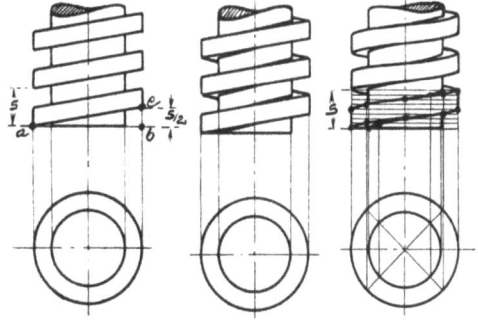

Abb. 37 bis 39. Flachgängige Gewinde.

im Abstande der halben Steigung Parallele zu der geneigten Linie ac. Das Gewinde nach Abb. 38 wird in gleicher Weise wie in Abb. 37 dargestellt; nur sind hier außerdem alle sichtbaren Kanten durch gerade Linien dargestellt. Die Konstruktion des flachen Gewindes nach Abb. 39 wird wie folgt ausgeführt:

Zunächst zeichnet man die Grundkreise des Gewindes und teilt diese in eine beliebige Anzahl Teile, z. B. 8. Hierauf zieht man im Aufriß die Begrenzungslinien des Gewindes, trägt die Ganghöhe auf und teilt diese durch wagerechte Linien in 8 gleiche Teile. Sodann errichtet man in den 16 Teilpunkten des Grundrisses Senkrechte. Die Schnittpunkte der senkrechten Linien mit den wagerechten im Aufriß ergeben dann die Schraubenlinien.

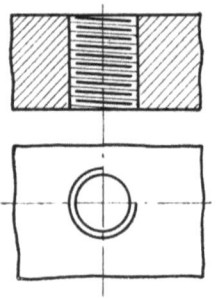

Abb. 40. Gewindebohrung scharfgängiger Rechtsgewinde.

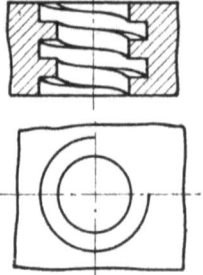

Abb. 41. Gewindebohrung flachgängiger Rechtsgewinde.

Zeichnet man eine Gewindebohrung im Schnitt, so erscheint rechtsgängiges Gewinde linksgängig und umgekehrt (Abb. 40 und 41).

7. Schrauben- und Mutterndarstellungen.

Abb. 42 stellt eine normale Schraubenmutter dar. Die Abmessungen sind aus der Abbildung ersichtlich.

Schrauben werden zweckmäßig „über Eck" gezeichnet. Durch diese Darstellungsweise ist der erforderliche Platz für Schraubenkopf und Mutter sichergestellt (Abb. 43). Abb. 44 zeigt eine falsch eingezeichnete Schraube.

Die Breite der Flächen a und b (Abb. 43) erhält man aus dem Sechseck im Grundriß. Nur bei Schrauben mit kleineren Abmessungen ist es zulässig, die Breite der Flächen nach Abb. 45 zu bestimmen.

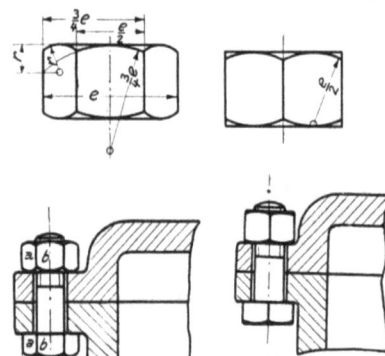

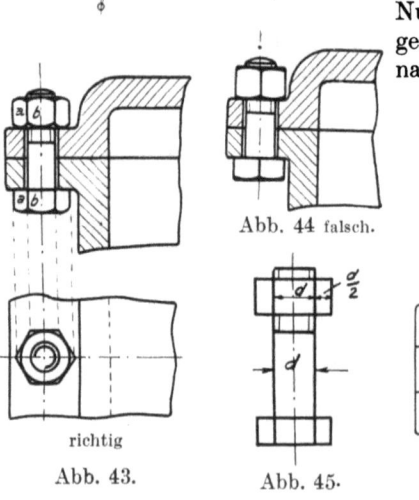

Abb. 44 falsch.

richtig
Abb. 43.

Abb. 45.

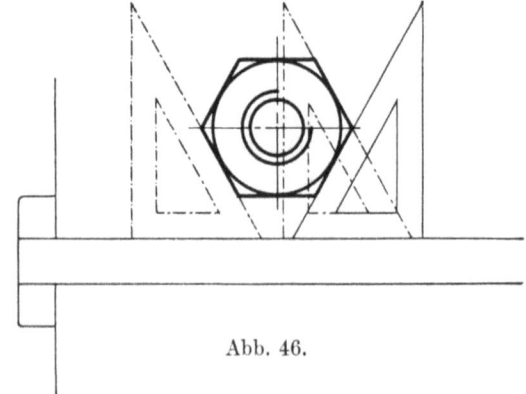

Abb. 46.

Bei sehr kleinen Muttern oder bei Zeichnungen in kleinem Maßstab läßt man die Abrundungen des Schraubenkopfes und der Mutter fort (Abb. 45). Das Sechskant an Schraubenkopf und -mutter wird konstruiert, indem man den Kreis der Schlüsselweite zieht und diesen mit Hilfe des 60°-Winkels tangiert (Abb. 46).

Der Durchmesser des zylindrischen Ansatzes in Abb. 48 darf nicht größer als der Kerndurchmesser der Schraube sein, weil sonst die Mutter nicht aufgeschraubt werden kann.

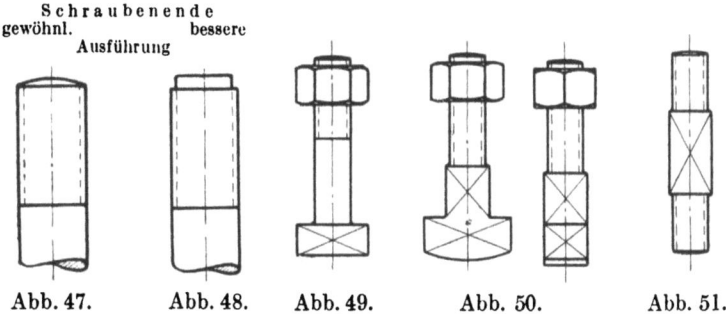

Schraubenende
gewöhnl.   bessere
Ausführung

Abb. 47.   Abb. 48.   Abb. 49.   Abb. 50.   Abb. 51.

Um die Form des rechteckigen Schraubenkopfes bzw. -schaftes schon aus einer Ansicht erkennen zu können, werden die Flächen desselben durch Diagonalen gekennzeichnet, welche dünn ausgezogen werden (Abb. 49, 50 und 51). Dasselbe gilt auch für andere prismatische Körper.

Falsche Schraubendarstellungen.

Abb. 52. Das Gewinde unterhalb der Mutter ist zu lang gezeichnet.

Abb. 53. Das Gewinde zwischen Schraubenkopf und Mutter fehlt. Beim Anziehen der Mutter wird diese auf den Schraubenbolzen festgeschraubt. Die zu verbindenden Maschinenteile werden jedoch nicht zusammengepreßt.

Abb. 54. Schraubenköpfe erhalten an der dem Schaft zugekehrten Seite keine Abrundungen.

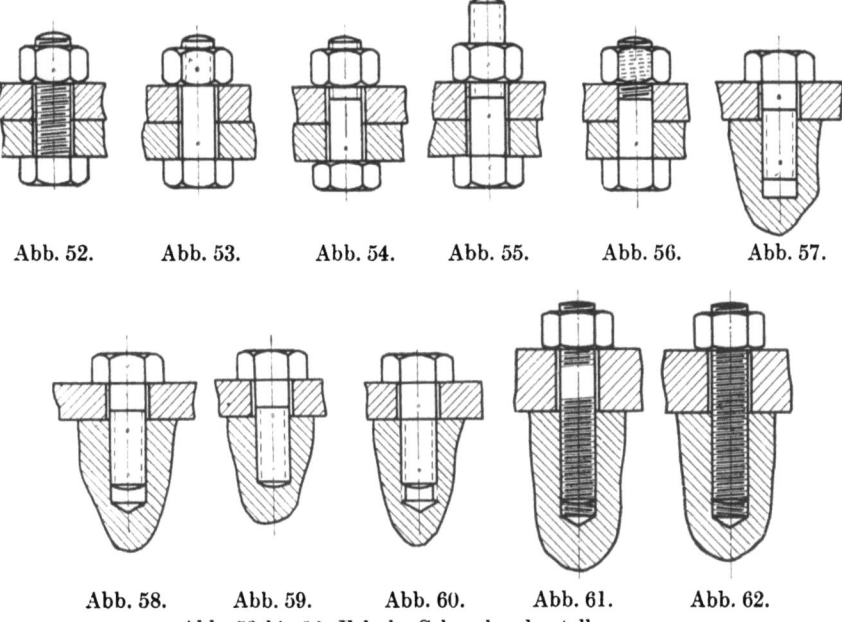

Abb. 52.   Abb. 53.   Abb. 54.   Abb. 55.   Abb. 56.   Abb. 57.

Abb. 58.   Abb. 59.   Abb. 60.   Abb. 61.   Abb. 62.

Abb. 52 bis 62. Falsche Schraubendarstellungen.

Abb. 55. Das Gewinde oberhalb der Mutter ist zu lang, wirkt unschön und kann bei rotierenden Maschinenteilen zu Unfällen führen.

Abb. 56. Das Gewinde wird nicht durch die Mutter punktiert.

Abb. 57 und 58. Der unterhalb des Schraubenschaftes liegende Teil der Gewindebohrung ist falsch gezeichnet.

Abb. 59. Die Gewindebohrung ist nicht tief genug.

Abb. 60. Der glatte Teil des Schaftes ist zu lang. Die zu verbindenden Maschinenteile haben keinen Anzug. Strenggenommen darf das Gewinde auch nicht bis auf den Grund der Bohrung gezeichnet werden, denn nur in ganz seltenen Fällen kann das Gewinde bis auf den Grund geschnitten werden.

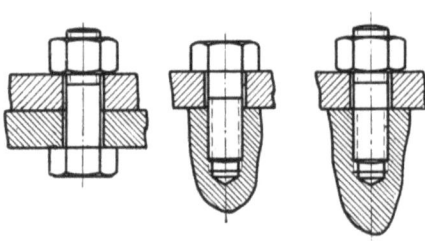

Abb. 63.   Abb. 64.   Abb. 65.
Richtige Schraubendarstellungen.

Abb. 61. Es fehlt der Bund.

Abb. 62. Das untere Ende der Stiftschraube darf nicht über die Gewindebohrung hinaus gezeichnet werden.

VI. Ausziehen.

Vom Zeichner wird die fehlerlos und sauber ausgezogene Zeichnung verlangt. Das Ausziehen eines flüchtigen, unfertigen Bleientwurfs erfordert, besonders wenn es von zweiter Person geschieht, ein Mehr an Zeit und Mühe und ist trotzdem oft fehlerhaft. Daher ist es Pflicht, schon die Bleizeichnung bzw. den Entwurf gewissenhaft und sauber durchzuführen und nach Fertigstellung auf eventuelle Konstruktionsfehler und Unstimmigkeiten in ihren Einzelheiten genau zu prüfen. Erst dann ist die Bleizeichnung zur weiteren Bearbeitung zu übergeben. Die durch saubere Ausführung aufgewandte Zeit wird durch sicheres und gutes Ausziehen wieder nachgeholt.

In der Regel zieht man zuerst die Kreise, Kreisbogen und Kurven, hierauf die wagerechten, dann die senkrechten und endlich die schrägliegenden Linien. Durch diese Reihenfolge erzielt man gute Anschlüsse der Linien. Kreise zieht man im Sinne des Uhrzeigers, also von links nach rechts aus. Für das Ausziehen der Kurven bedient man sich des Kurvenlineals. Gerade Linien werden stets mit Hilfe der Reißschiene und des Winkels ausgezogen. Die Zeichenfeder ist immer winkelrecht zur Zeichnungsebene zu führen.

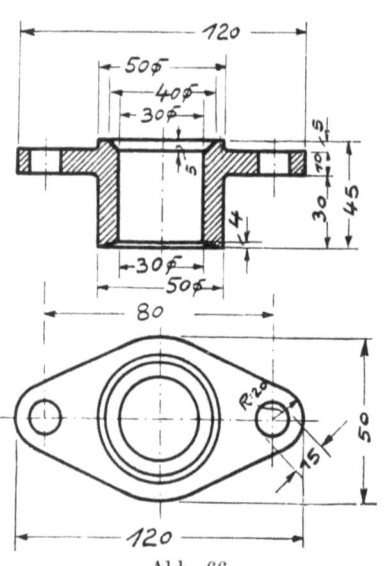

Abb. 66.

Kreise, Rechtecke usw. erhalten eine wagerechte und eine senkrechte Mittellinie (Symmetrielinie). Man zieht sie beiderseits etwas über die Figur hinaus und benutzt sie oft gleichzeitig als Maßbegrenzungslinie. Maßlinien und Maßzuführungslinien zieht man in ganz feiner Strichstärke aus. Sie werden voll ausgezogen (siehe Abb. 66).

DIN 15 (Anhang Seite 34) zeigt die Strichstärken, wie sie je nach Größe der Darstellung in Frage kommen (siehe auch Abb. 67). Alle sichtbaren Kanten und Umrisse werden voll ausgezogen, die nicht sichtbaren Kanten werden gestrichelt. Gestrichelte Linien führt man nicht ganz an die stark gezogenen heran. Mittellinien werden in strichpunktierter Ausführung durch sämtliche symmetrischen Körper gelegt.

Kleine Verbesserungen (unschön ausgefallene Anschlüsse) werden mit Radiermesser, Gummi und Zeichenfeder vorgenommen. Beim Radieren auf dünnerem

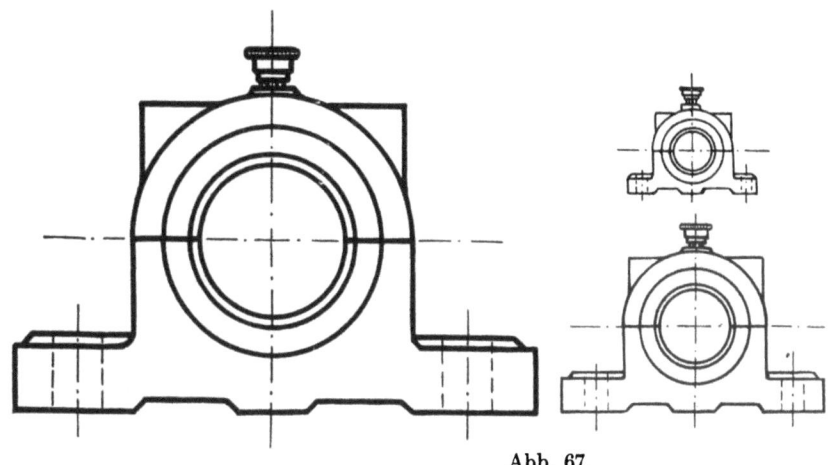

Abb. 67.

Papier ist es zweckmäßig, eine harte Fläche, wie Glasplatte oder auch den Winkel, als Unterlage zu benutzen.

Je sorgfältiger eine Zeichnung ausgeführt, um so schneller ist die Orientierung, und um so leichter und einfacher ist für den Arbeiter die praktische Anfertigung des betreffenden Werkstückes.

VII. Schraffieren.

Das Schraffieren mit Reißschiene und Winkel von 45° findet besonders für Werkstatt- und Konstruktionszeichnungen, die für die Vervielfältigung durch das Lichtpausverfahren bestimmt sind, allgemein Anwendung. Der Abstand der dünnen Schraffurlinien richtet sich nach der Größe des aufzuzeichnenden Gegenstandes und dem gewählten Maßstab (Abb. 68). Gegeneinander stoßende Flächen schraffiert man rechtwinklig zueinander. Teile aus einem Stück werden stets in ein und derselben Richtung schraffiert.

Schraffurlinien sind möglichst nicht durch Maßzahlen zu unterbrechen, da andernfalls die Lesbarkeit ungünstig beeinflußt wird. In besonderen Fällen ist der Platz für die Maßzahl von Schraffurlinien frei zu halten, siehe Abb. 98.

Sehr schmale Flächen, Profil- und Dichtungsquerschnitte zieht man voll schwarz aus (Abb. 69).

VIII. Schattieren.

Schattierungen sind in Werkstattzeichnungen möglichst zu vermeiden. Will man dagegen, besonders bei Dispositionsplänen und auch einfachen Maschinenteilen, dem Bild ein gefälliges Aussehen geben und es dem Nichttechniker leicht verständlich machen, so bringt man die Schattierung zur Anwendung (Abb. 70). In Abb. 71 sind die verschiedenen Arten der Schattierung wiedergegeben.

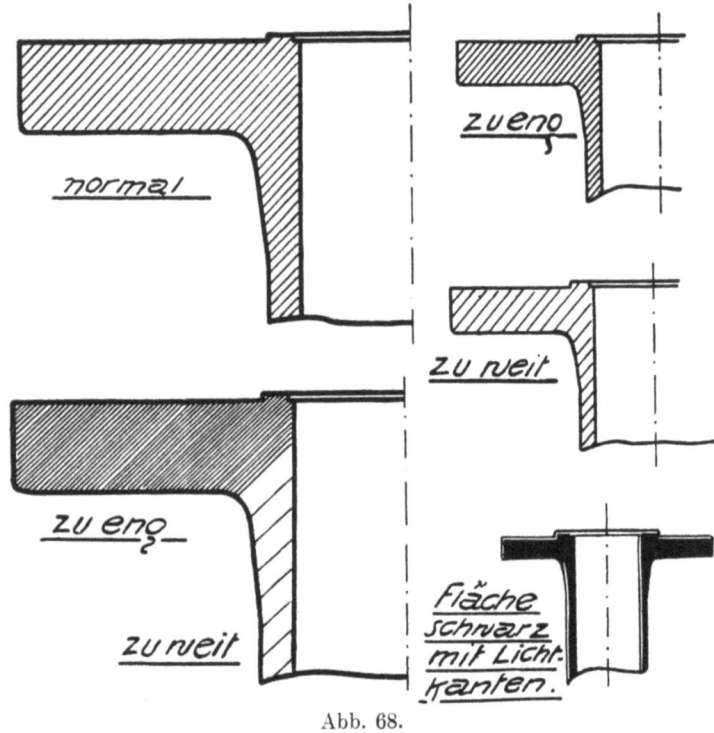

Abb. 68.

Da unsere moderne Technik jeden unnötigen Zeitaufwand verbietet, macht man, wo irgend möglich, besonders bei Aufnahme bestehender Einrichtungen und zur Veranschaulichung von Maschinentypen von unserer modernen photographischen Reproduktionstechnik ausgiebigen Gebrauch.

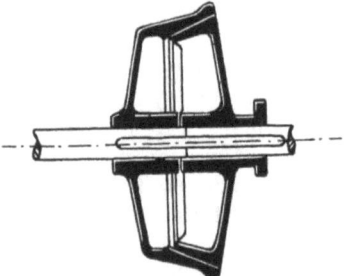

Abb. 69.

IX. Das Eintragen der Maße.

Die meisten Anfänger betrachten das Eintragen der Maße in Ermangelung praktischer Erfahrungen als nebensächlich. **Das Eintragen der Maße ist von größter Wichtigkeit und kann nicht sorgfältig genug ausgeführt werden.**

Um die Maße richtig einschreiben zu können, muß der Zeichner mit der praktischen Herstellung des Stückes vertraut sein. Er muß wissen, welche Maße zur richtigen Herstellung des betreffenden Gegenstandes erforderlich sind.

Falsch eingetragene Maße ziehen sehr oft Zeit- und Geldverluste nach sich, wie dieses z. B. der Fall ist, wenn Unrichtigkeiten erst beim Zusammenbau (Montage) einer Maschine entdeckt werden. Die Inbetriebsetzung der Anlage erleidet Verzögerung, besonders dann, wenn der betreffende Gegenstand nochmals hergestellt werden muß. Die betreffende Firma wird gegebenenfalls eine Konventionalstrafe zahlen müssen, falls die Anlage nicht zu dem festgelegten Zeitpunkt dem Betriebe übergeben wird. Daß hierdurch der Anfertiger der Zeichnung in der Bewertung und im Vertrauen seines Vorgesetzten sinkt, braucht wohl nicht hervorgehoben zu werden.

Vorsicht beim Maßeintragen!

Man merke sich für alle Fälle, daß stets diejenigen Maße einzutragen sind, welche man benötigen würde, wollte man den Gegenstand selbst praktisch ausführen.

Die Reihenfolge des Maßeintragens wählt man zweckmäßig nach dem Gang der späteren praktischen Herstellung des Stückes.

Nachfolgend wird dieses an Hand eines Beispieles erläutert (Abb. 72).

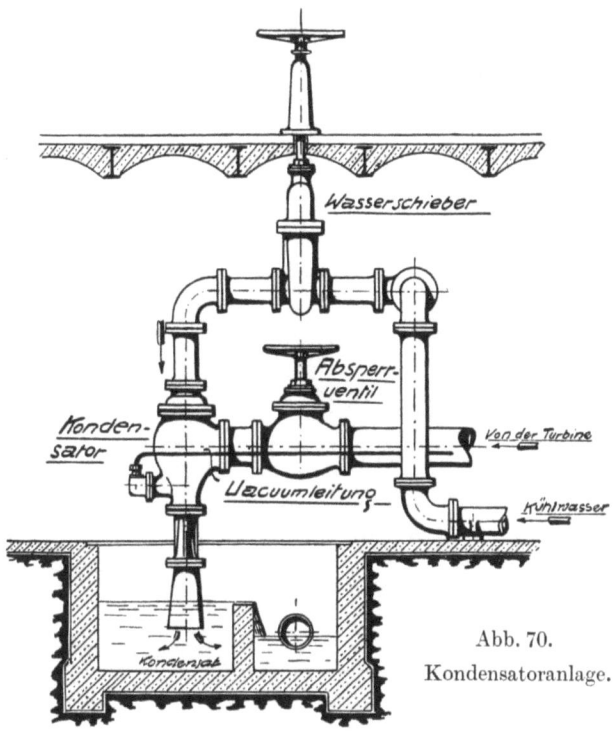

Abb. 70. Kondensatoranlage.

Die Reihenfolge der praktischen Bearbeitung des in Abb. 72 dargestellten Augenlagers ist folgende: Zunächst muß das Modell angefertigt werden. Es kommen hierbei Drechsler- und Tischlerarbeiten in Betracht. Die Drechslerarbeiten wird man zuerst ausführen lassen, damit die Anfertigung des Modelles keine Verzögerung erleidet.

Nach dem Abgießen des Modelles wird das Gußstück für die weitere Bearbeitung vorgezeichnet (angerissen), sodann die untere Seite der Fußplatte gehobelt, hierauf die Bohrung ausgedreht und endlich die Löcher für die Befestigungsschrauben gebohrt. Es werden also für die Herstellung des Augenlagers (Abb. 72) folgende Maße benötigt:

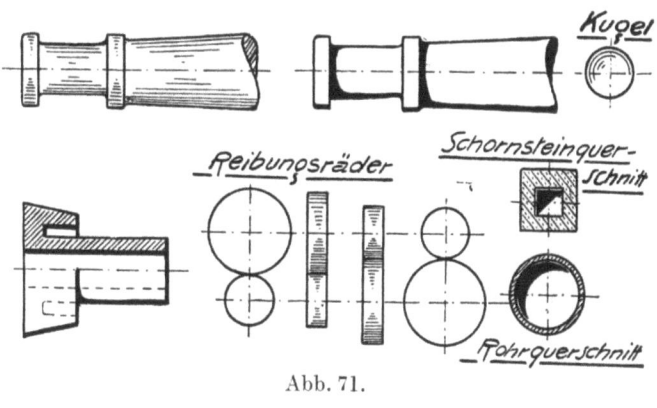

Abb. 71.

I. Herstellung des Modells.
A. **Drechslerarbeiten.**
  1. Der zylindrische Teil, Pos. 1: Maße a, b und c;
  2. Die Warzen, Pos. 2: Maße d und e.
B. **Tischlerarbeiten.**
  1. Aufreißen der Seitenansicht des Augenlagers (ohne Warzen) in natürlicher Größe auf ein gehobeltes Brett. Hierfür die Maße a, b, f, g, h und i.
     Anm.: Der Aufriß dient dem Modelltischler als Maßstab (Schablone);
  2. Herstellen der Fußplatte, Pos. 3: Maße c, g und h;

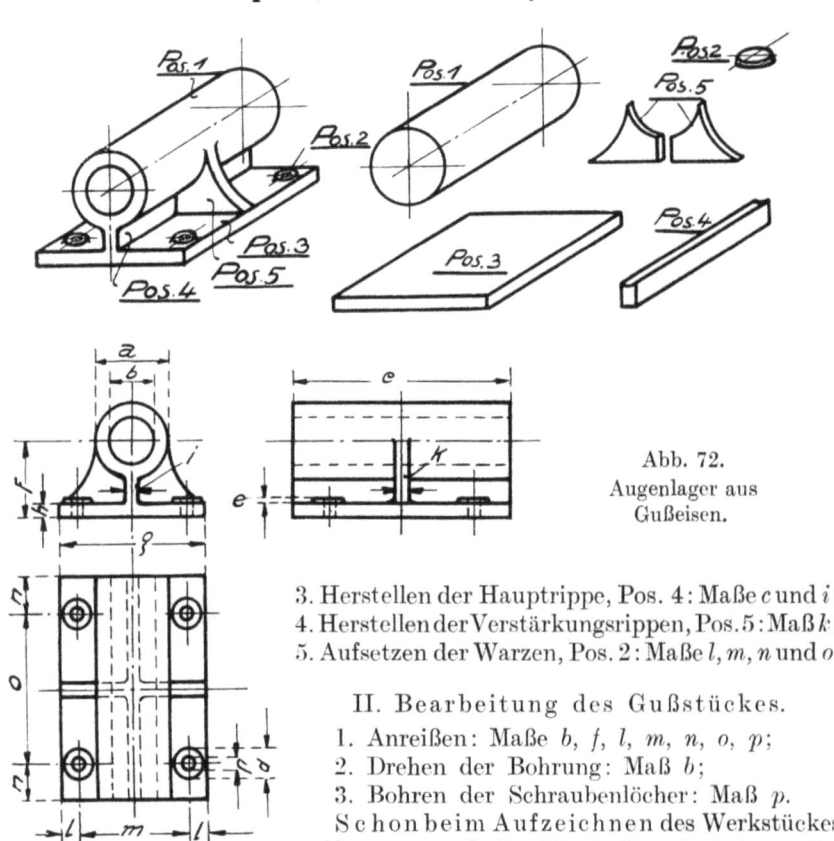

Abb. 72. Augenlager aus Gußeisen.

  3. Herstellen der Hauptrippe, Pos. 4: Maße c und i;
  4. Herstellen der Verstärkungsrippen, Pos. 5: Maß k;
  5. Aufsetzen der Warzen, Pos. 2: Maße l, m, n und o.

II. Bearbeitung des Gußstückes.
  1. Anreißen: Maße b, f, l, m, n, o, p;
  2. Drehen der Bohrung: Maß b;
  3. Bohren der Schraubenlöcher: Maß p.

Schon beim Aufzeichnen des Werkstückes soll man auf die Maße Rücksicht nehmen, damit die Zeichnung maßstäblich wird. Alle Abmessungen müssen mit den später eingeschriebenen Maßen übereinstimmen. Unrunde Maße sind möglichst zu vermeiden, da sehr oft die durch Bearbeitungsschwierigkeiten bedingte Verteuerung bedeutend größer wie ihre Zweckmäßigkeit ist.

1. Verteilung der Maße.
Die Maße sind gut zu verteilen und übersichtlich anzuordnen. Die Eintragungen sollen dort erfolgen, wo die Form des Gegenstandes am deutlichsten erscheint; denn hier wird sie der Arbeiter zuerst suchen. Die Maße sind möglichst innerhalb der Körperbegrenzungslinien anzuordnen. Im umgekehrten Falle werden Hilfslinien erforderlich, die der Übersichtlichkeit nicht förderlich

Verteilung der Maße.

sind. Die Maße sollen nur dann herausgezogen werden, wenn die zur Verfügung stehende Fläche für die Eintragungen zu klein ist oder wenn dadurch die Lesbarkeit der Zeichnung gehoben wird.

Beim Eintragen der Maße ist auf die spätere Bearbeitung des Gegenstandes Rücksicht zu nehmen. Es ist besonders auf die richtige Wahl der Bezugskanten bzw. Bezugslinien zu achten. Dem Arbeiter muß angegeben werden, von welcher Kante aus er die Maße einzuhalten hat (Abb. 73 bis 76).

Jedes Maß ist grundsätzlich nur einmal einzutragen. Maßwiederholungen bringen Gefahr mit sich, besonders dann, wenn sie sich auf mehrere

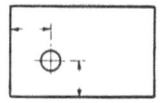

Abb. 73.
Die Maße sind von der unteren und linken Kante aus einzuhalten.

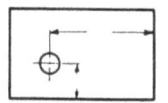

Abb. 74.
Die Maße sind von der unteren und rechten Kante aus einzuhalten.

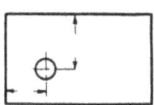

Abb. 75.
Die Maße sind von der oberen und linken Kante aus einzuhalten.

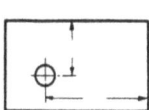

Abb. 76.
Die Maße sind von der oberen und rechten Kante aus einzuhalten.

Ansichten erstrecken. In solchen Fällen besteht die Möglichkeit, daß Maße beim Ändern übersehen werden. Maßwiederholungen sind nur dann zulässig, wenn sie die Lesbarkeit der Zeichnung heben.

In der Zeichnung sind sämtliche Maße so anzuordnen, daß der Ausführende die Abmessungen, welche er benötigt, unmittelbar ablesen kann. Das Rechnen und Suchen der Maße führt zu Irrtümern; Zeit- und Geldverluste sind unausbleiblich.

Neben den Einzelmaßen ist stets das Gesamtmaß einzutragen.

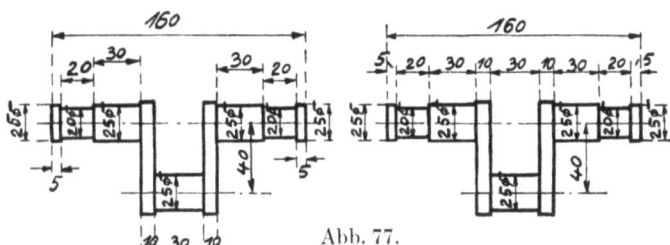

Abb. 77.

Maße falsch angeordnet.   Maße richtig angeordnet.

Gesamtmaße sollte man stets auf verschiedene Weise ermitteln, weil man beim Zusammenzählen einzelner Maße mehrmals hintereinander dieselben Additionsfehler machen kann.

Hauptmaße sind besonders übersichtlich anzuordnen. Dieselben müssen auf den ersten Blick als solche zu erkennen sein. Sie werden entweder durch größere Maßzahlen kenntlich gemacht, oder aber man schreibt die Maßzahlen in ein Rechteck.

Als Hauptmaße kommen in Betracht: Gesamte Länge, Breite und Höhe eines Gegenstandes, die Entfernung von Mitte zu Mitte, der Hub und Zylinderdurchmesser einer Dampfmaschine, die Spitzenhöhe einer Drehbank, bei Ventilen die Durchgangsbohrung und Baulänge u. a. m.

Der besseren Übersicht wegen werden nebeneinanderliegende Maßstrecken in gerader Fortsetzung aneinandergereiht (Abb. 77).

Das Eintragen der Maße.

Das Eintragen der Maße in mehrere ineinanderliegende Kreise veranschaulichen die Abb. 78 und 79.

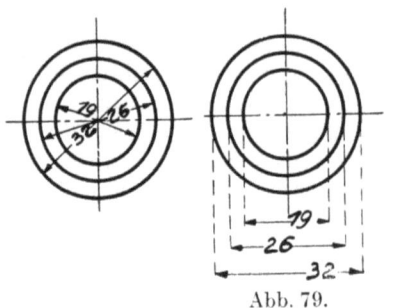

Abb. 79.

Die Art des Maßeintragens nach Abb. 78 sollte man nur bei größeren Kreisen zur Anwendung bringen; im übrigen ist die Maßeintragung nach Abb. 79 der besseren Übersicht wegen vorzuziehen.

Bei Rotationskörpern (Umdrehungskörpern) ist stets der Durchmesser anzugeben. Mit den Radien können Dreher und Schmied nichts beginnen, weil diese mit dem Taster arbeiten müssen (Abb. 80 und 81).

Durch die Maßeintragung nach Abb. 80 wird der Arbeiter zum Rechnen gezwungen. Er muß die Durchmesser erst aus den Radien bestimmen; dabei liegt die Gefahr des Verrechnens sehr nahe, und unrichtige Ausführung des betreffenden Gegenstandes wird nicht selten die Folge sein.

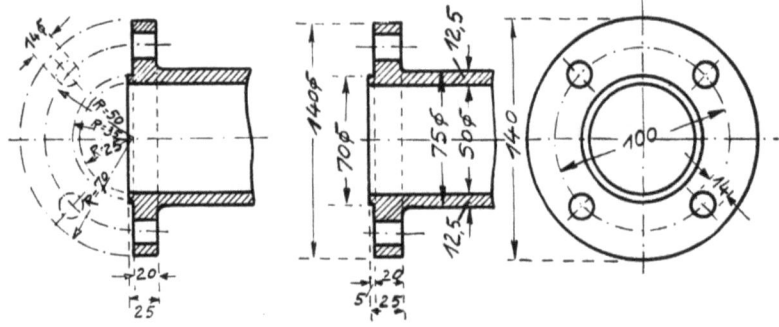

Mit den Zeichnungslinien parallel laufende Maßlinien dürfen nicht zu nahe an die Zeichnungslinien gesetzt werden (Abb. 82). Auch ist

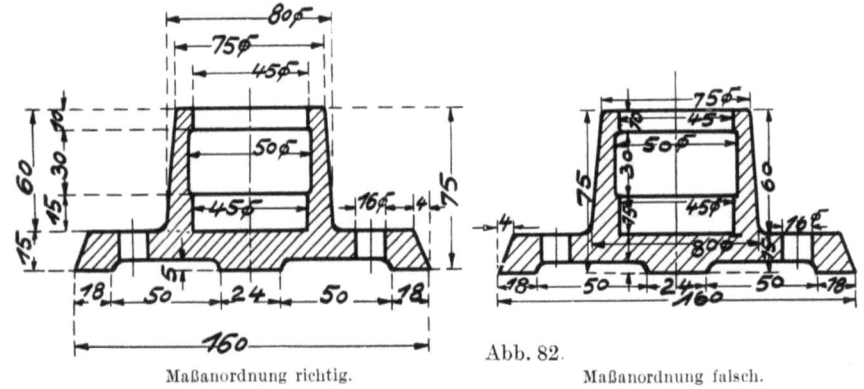

Maßanordnung richtig.   Abb. 82.   Maßanordnung falsch.

darauf zu achten, daß die Maßlinien nicht mit den Mittel- oder Zeichnungslinien zusammenfallen.

Verteilung der Maße.

Maßlinien, welche sich kreuzen, können zu Irrtümern Veranlassung geben und sind nach Möglichkeit zu vermeiden (Abb. 83). Kürzere Maßlinien setzt man daher näher an die Figur als längere (Abb. 84). Die Maßlinien sollen nicht über das Maß hinausgezogen werden (Abb. 84).

Das Festlegen von Kurven zeigt Abb. 85.

Abb. 86 zeigt das Eintragen der Maße bei der Darstellung von Eisenkonstruktionen. Die Maßangaben werden hierbei z. T. abgekürzt. Nach DIN 406, Bl. 2, sollen die Blechdicken in die Blechflächen und die Profilangaben in oder neben den Stab gesetzt werden. Die Gesamtlänge des Pro-

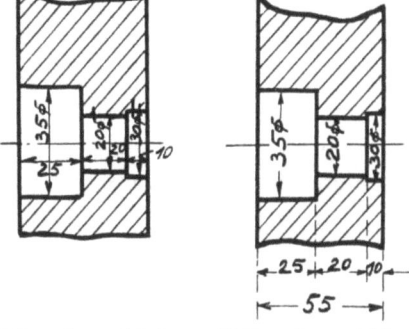

Maßanordnung falsch.　　Maßanordnung richtig.

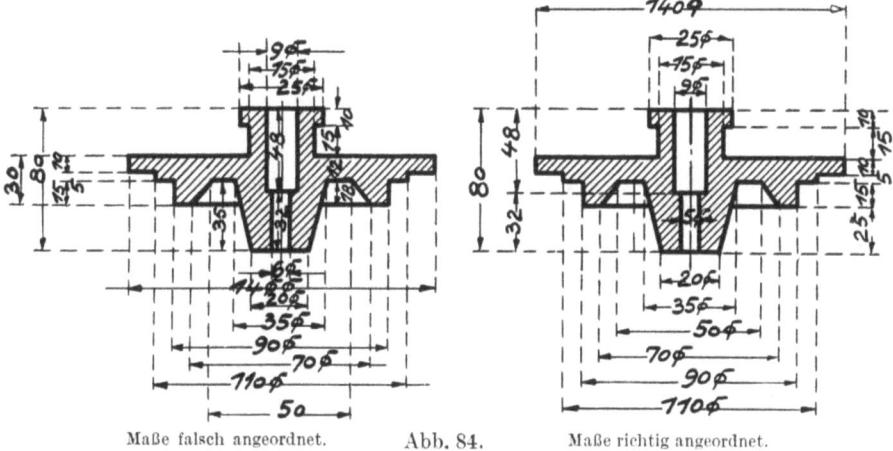

Maße falsch angeordnet.　　Abb. 84.　　Maße richtig angeordnet.

files soll hinter die Profilangabe geschrieben und von dieser durch einige Punkte getrennt werden. Niete und Schrauben werden durch Sinnbilder nach DIN 139 (siehe Anhang S. 43) gekennzeichnet.

Bei längeren Maßketten mit gleicher Lochteilung sind Abkürzungen nach Abb. 87 zugelassen.

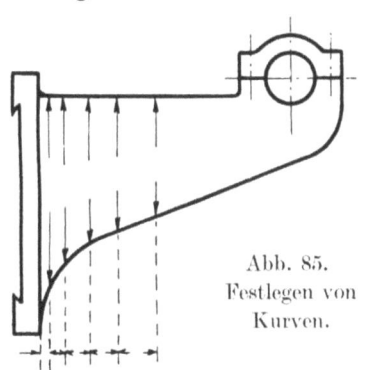

Abb. 85.
Festlegen von Kurven.

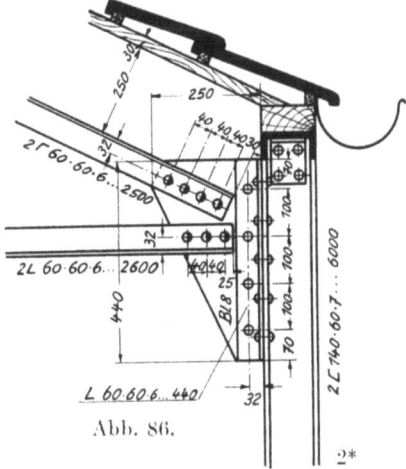

Abb. 86.

Bei System-Darstellungen für Eisenkonstruktionen schreibt man die Maßzahl ohne Maßlinien neben die Systemlinien (Abb. 88).

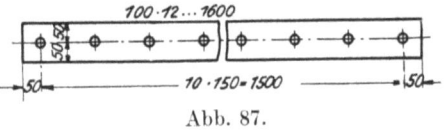

Abb. 87.

2. Maßlinien.

Die Maßlinien werden entweder voll durchgezogen oder an geeigneter Stelle unterbrochen, um in die Zwischenräume die Maßzahlen hineinschreiben zu können. Im ersteren Falle sind diese stets über die Linien zu schreiben. Sobald nämlich mehrere Maße dicht nebeneinander oder übereinander stehen und die Ziffern bald über, bald unter die Maßlinien geschrieben werden, können Zweifel entstehen, wohin die betreffenden Maßzahlen gehören (Abb. 89 und 90).

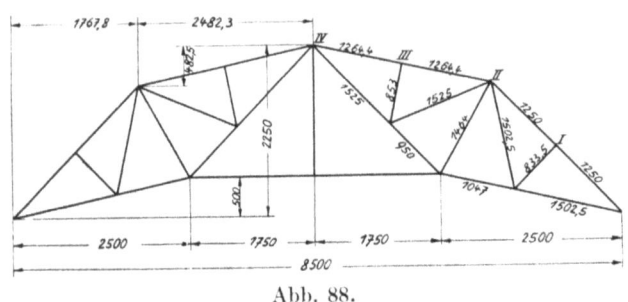

Abb. 88.

Der Normenausschuß hat den unterbrochenen Maßlinien den Vorzug gegeben. Diese schließen jeden Zweifel über die Zugehörigkeit der Maßzahlen zu ihren Maßlinien aus; außerdem wird die Übersichtlichkeit der Zeichnung durch die unterbrochenen Maßlinien gehoben.

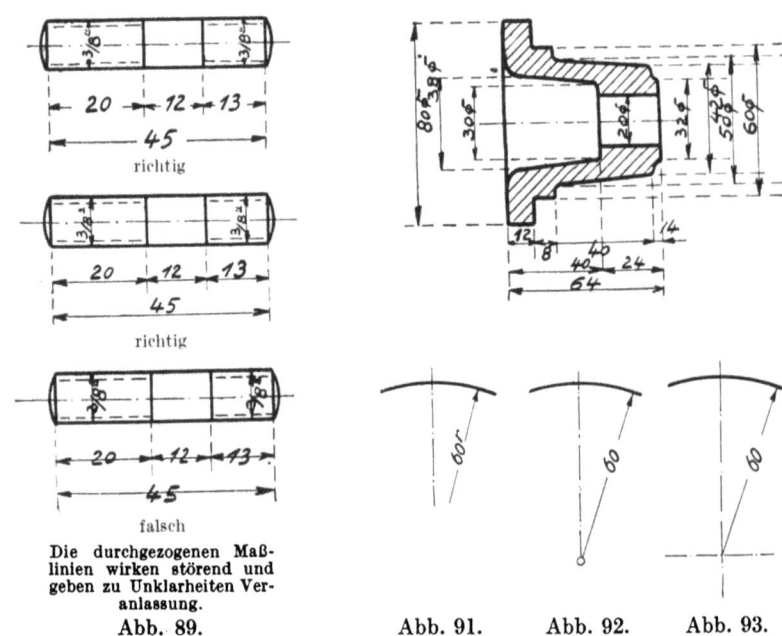

Die durchgezogenen Maßlinien wirken störend und geben zu Unklarheiten Veranlassung.
Abb. 89.

Abb. 91.   Abb. 92.   Abb. 93.

Die Maßhilfslinien sind unter einem Winkel von 90° zur Maßlinie zu ziehen.
Die Maßhilfslinien sollen voll ausgezogen werden. Bislang wurden dieselben meist gestrichelt. (Die Abbildungen in diesem Buche haben noch z. T. gestrichelte

Maßhilfslinien.) Diese Hilfslinien können aber sehr leicht mit den gestrichelten unsichtbaren Kanten des Gegenstandes verwechselt werden; außerdem ist das Stricheln auch sehr zeitraubend.

Halbmessermaße ordnet man nach Abb. 91 bis 93 an.

Halbmessermaße mit verkürzt gezeichneten Maßlinien kennzeichnet man durch den Buchstaben r, welcher erhöht hinter die Maßzahl gesetzt wird, siehe Abb. 91. Der Buchstabe ist überflüssig, wenn die Maßlinien bis zum Mittelpunkt durchgezogen sind. Bei größeren Halbmessern wird oftmals der zur Verfügung stehende Raum nicht genügen, um den ganzen Halbmesser einzeichnen zu können. Man wird denselben verkürzt zeichnen müssen. Abb. 94 gibt die bei größeren Halbmessern gebräuchliche Verkürzung wieder.

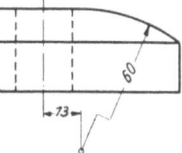

Abb. 94.

Für die Maßzuführungslinien sind nicht immer Ausgangspunkte vorhanden, es müssen diese durch Einzeichnen von Hilfslinien geschaffen werden (Abb. 95).

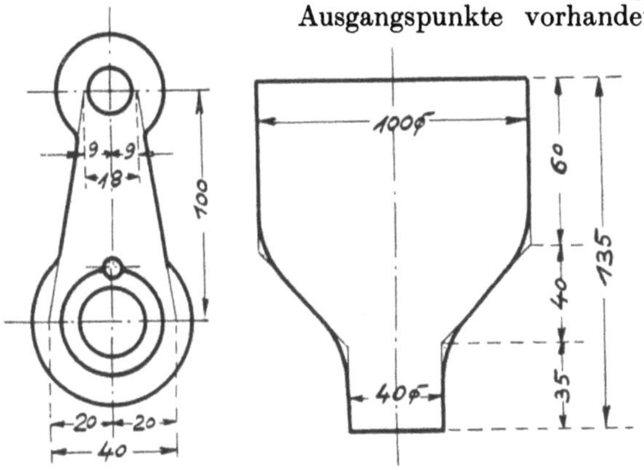

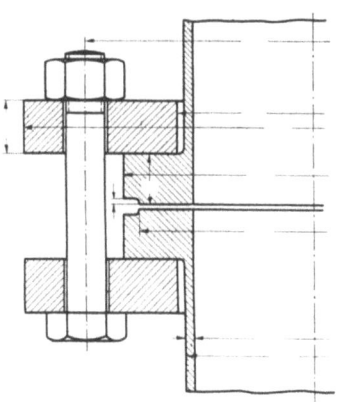

Abb. 95.

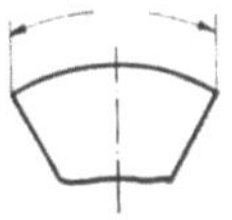

Abb. 96. Bogenmaß.

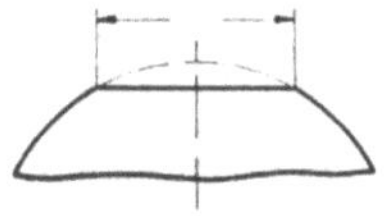

Abb. 97. Sehnenmaß.

Für Bogen- und Sehnenmaße gelten die Abb. 96 und 97.

Bei großen symmetrischen Körpern zeichnet man oft nur eine Hälfte des Körpers. Die in Frage kommenden Maßlinien sollen in diesem Falle etwas über die Symmetrielinie hinausgezogen werden (Abb. 98).

Bei großen symmetrischen Körpern und bei Umdrehungskörpern mit vielen Durchmessermaßen werden die Maßlinien der besseren Übersicht wegen verkürzt gezeichnet (Abb. 99).

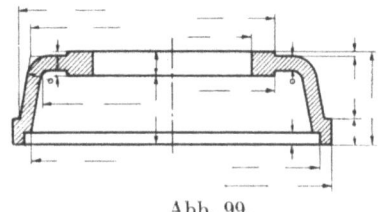

Abb. 98.

Abb. 99.

3. Maßpfeile.

Die Maßlinien werden in ihrer Länge durch Pfeile begrenzt. Diese sollen nach außen zeigen. Nur bei kleineren Maßen (etwa bis zu 10 mm) werden die Pfeile nach innen zeigend angeordnet. Ist der Raum zwischen den Pfeilen zu klein, um die Ziffern hineinschreiben zu können, so setzt man diese daneben (Abb. 100).

Um Unklarheiten zu vermeiden, achte man darauf, daß die Pfeile nicht über das Maß hinausgezogen werden (Abb. 101).

4. Maßzahlen.

Die Maßziffern sind nach DIN 16, Bl. 1 und 2, deutlich zu schreiben und übersichtlich anzuordnen. Unleserlich geschriebene oder unübersichtlich angeordnete Maßziffern führen nicht selten zu Irrtümern; auch können schlecht geschriebene Ziffern eine sonst gut ausgeführte Zeichnung verderben.

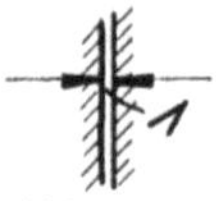

Abb. 100.

Die Größe der Ziffern muß dem Maßstab und der Größe der Zeichnung angepaßt sein. Die Ziffern soll man nicht zu klein wählen, besonders dann nicht, wenn die Zeichnung zwecks Vervielfältigung photographisch verkleinert wird. Die Maßziffern müssen in der Verkleinerung noch gut erkennbar sein.

Die Stellung der Maßzahlen ist von der Maßlinienrichtung abhängig (Abb. 102, DIN 406, Bl. 3). Die schraffierten Winkelflächen von 30° eignen sich nicht gut für Maßeintragungen. Die Maße in diesen Flächen sind schwer zu erkennen;

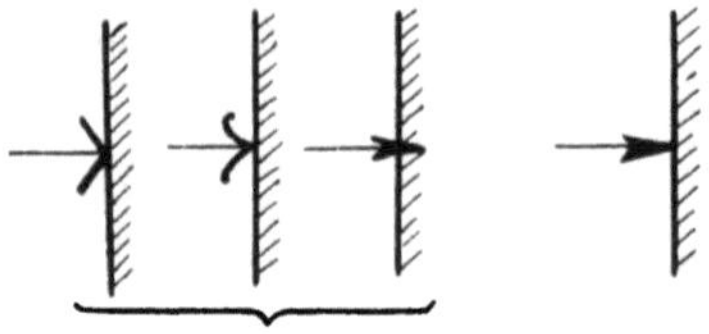

Abb. 101. 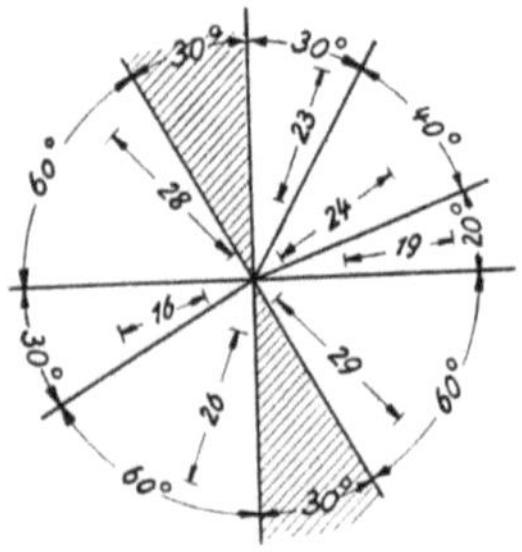   Abb. 102. 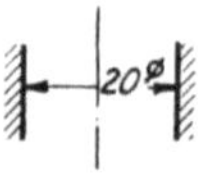   Abb. 103. 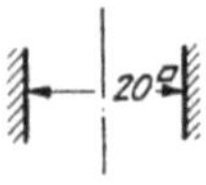   Abb. 104.

falsch   richtig

außerdem können dieselben leicht zu Verwechslungen führen. Die Maße, die in besonderen Fällen innerhalb der schraffierten Flächen untergebracht werden müssen, sollen von links her lesbar sein.

Die Maßziffern dürfen nicht durch Maßlinien getrennt werden (siehe Abb. 83).

Am Kreuzungspunkt zweier Maßlinien dürfen keine Maßzahlen angeordnet werden; es können sonst leicht Zweifel über die Zugehörigkeit der Maßzahlen zu ihren Maßlinien entstehen (siehe Abb. 83).

Bei Maßen mit gleicher Maßeinheit genügt die Angabe der Maßzahl. Die Maßeinheit ist an einer übersichtlichen Stelle der Zeichnung anzugeben; z. B. „Maße in mm". Maße mit abweichenden Einheiten sind besonders zu kennzeichnen. Das Einheitszeichen ist in solchen Fällen den betreffenden Maßzahlen stets beizufügen.

Durchmessermaße werden durch ein besonderes Zeichen kenntlich gemacht (Abb. 103). Das Durchmesserzeichen erübrigt sich, wenn die betreffenden Maße im Kreise stehen. Das Zeichen für quadratische Querschnitte ist in Abb. 104 wiedergegeben. Beide Zeichen sollen der besseren Lesbarkeit wegen erhöht hinter die Maßzahl gesetzt werden.

Die im vorhergehenden besprochenen Zeichen sind für den Modelltischler, Dreher und Schmied von größter Wichtigkeit. Dadurch, daß den Durchmesser-

Gewinde. Kegelmaße. Toleranzen und Passungen. Prüfen der Maße. Maßänderungen. 23

und Quadratzahlen die entsprechenden Zeichen beigegeben werden, braucht der Ausführende nicht erst die zugehörigen Risse aufzusuchen, um zu erfahren, wie der Körper an der betreffenden Stelle geformt ist.

Die Maßzahlen für **Schlüsselweiten** erhalten die Bezeichnung S. W. (z. B. 33 S. W.).

5. Gewinde.

Die abgekürzten Bezeichnungen für die genormten Gewinde sind in DIN 202 übersichtlich und zweckmäßig zusammengestellt. Das Normblatt, das sämtliche Angaben für die Maßeintragung enthält, ist im Anhang auf S. 40 wiedergegeben.

6. Kegelmaße.

Kegelmaße sind nach Abb. 105 einzutragen.

„Kegel 1 : 10" ist das Verhältnis der Durchmesserdifferenz zur Kegellänge.
$(D - d) : L = (50 - 41) : 90 = 9 : 90 = 1 : 10;$
oder mit anderen Worten: auf einer Länge von 10 mm verjüngt sich der Kegel um 1 mm (im Durchmesser gemessen). Der halbe Kegelwinkel ist für den Dreher sehr wichtig. Dieser braucht denselben für die Einstellung des Werkzeugschlittens. Der Einstellwinkel dieses Schlittens entspricht dem halben Kegelwinkel.

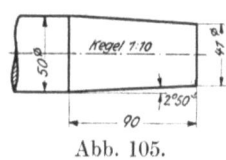

Abb. 105.

7. Toleranzen und Passungen.

Die neuzeitliche Fertigung steht unter dem Zeichen der Austauschbarkeit. Die Teile sollen so genau gearbeitet sein, daß sie ohne weiteres durch solche der gleichen Art ausgetauscht werden können. Die Grundlagen für diese Austauschbarkeit sind mit der Einführung allgemein gültiger Toleranzen und Passungen gegeben. Das sehr umfangreiche Gebiet kann an dieser Stelle leider nur gestreift werden. Die für die Maßeintragung in Betracht kommenden Punkte (Anordnung der Toleranzen und Passungskurzzeichen) sind in DIN 406, Bl. 5 und 6 (siehe Anhang S. 38 und 39), zusammengefaßt. Für das weitere Studium dieses sehr wichtigen Gebietes empfehlen wir das DIN-Buch Nr. 4: „Passungen" von Obering. K. Gramenz.

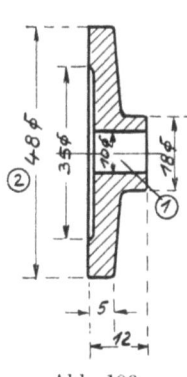

Abb. 106.

Abb. 107.

8. Prüfen der Maße.

Sind alle Maße eingeschrieben, so müssen diese gewissenhaft auf ihre Richtigkeit geprüft werden. Man beginnt an einer Stelle der Zeichnung und nimmt strichweise unter Berücksichtigung der zugehörigen Teile die Prüfung vor. Der besseren Übersicht wegen werden die geprüften Maße mit dem Blei- oder Rotstift angehakt. In vielen Werken ist es gebräuchlich, daß die Maße durch einen zweiten Herrn nachgeprüft werden, da dieser bekanntlich Fehler sicherer findet als der Anfertiger der Zeichnung.

9. Maßänderungen.

Maßänderungen führt man zweckmäßig nach Abb. 106 und 107 aus. Die geänderten Maßzahlen werden mit fortlaufenden Nummern versehen. Um Verwechselungen mit den Maßzahlen zu vermeiden, schließt man die Änderungsnummern durch Kreise ein. Die ursprünglichen Maße und die Änderungszeiten sind mit Rücksicht auf spätere Ersatzlieferungen an einer passenden Stelle der Zeichnung einzutragen (Abb. 107).

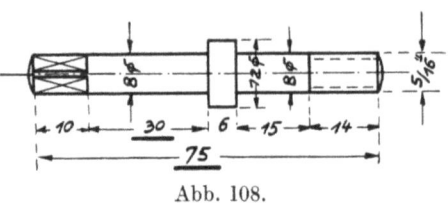

Abb. 108.

Sind auf einer Zeichnung viele Maße zu ändern, so zeichnet man am besten den betreffenden Gegenstand nochmals maßstäblich auf. Beim Ändern der Maßzahlen könnte man nämlich etliche übersehen, was bei größeren, komplizierten Zeichnungen besonders dann nicht ganz ausgeschlossen ist, wenn ein und dieselben Maße in den verschiedenen Ansichten und Schnitten eines Körpers auftreten. Durch die Änderung der Maßzahlen ergeben sich häufig vorher nicht ersichtliche Fehler, welche die Herstellung des Gegenstandes wesentlich erschweren oder ganz unmöglich machen.

Bei nicht maßstäblich gezeichneten Teilen sind die abweichenden Maßzahlen durch Unterstreichen kenntlich zu machen (Abb. 108).

X. Angabe der Bearbeitung.

1. Allgemeines.

Maschinen, Apparate, Vorrichtungen usw. werden aus einzelnen Teilen zusammengefügt. Die einzelnen Teile werden entweder durch Niete, Bolzen, Schrauben, Keile usw. fest miteinander verbunden oder durch Zahnräder, Gelenke, Kupplungen usw. beweglich angeordnet. Um eine genaue und sichere Lage der miteinander zu verbindenden Teile zu erzielen, bzw. ein gutes, geräusch- und reibungsloses Arbeiten der beweglichen Teile zu erreichen, müssen die in Frage kommenden Flächen durch entsprechende Werkzeuge abgerichtet bzw. geglättet werden. Dieses wird in der Regel durch spanabhebende Bearbeitung wie Feilen, Drehen, Hobeln, Stoßen, Fräsen, Bohren usw. erreicht.

Die Art der Bearbeitung richtet sich in erster Linie nach der Form des Werkstückes bzw. dem geforderten Genauigkeitsgrade.

Um die Bearbeitung richtig angeben zu können, muß der Anfertiger der Zeichnung sowohl mit der praktischen Herstellung des Stückes vertraut sein als auch die Einrichtungen der Fabrik kennen.

Schon beim Konstruieren ist auf die spätere Bearbeitung eingehendst Rücksicht zu nehmen. Die Form muß sich auf den verfügbaren Werkzeugmaschinen mit einem möglichst geringen Zeit- und Kostenaufwand gut bearbeiten lassen. Die vorhandenen Werkzeuge und Vorrichtungen sollen im weitestgehenden Maße Verwendung finden. Die Bearbeitungsflächen sind möglichst praktisch anzuordnen. Dieselben sollen dem anzusetzenden Werkzeug bequeme Arbeitsmöglichkeiten bieten.

Geschickte Bearbeitungsangabe bedeutet Geldersparnis, nachlässige Festlegung der zu bearbeitenden Flächen aber Vergeudung des Betriebskapitals, dessen rationelle Ausnutzung in bezug auf die allgemeine Wirtschaftslage dringendst nötig ist.

Es ist zu bedenken, daß sich häufig auch mit wenig Bearbeitung sauberes und gefälliges Aussehen erzielen läßt. Nicht zuviel Material für Bearbeitung zugeben und nicht den Schlichtspan da anwenden, wo Schruppen genügt. Die Kosten für

Bearbeitung können ferner durch geschickte Wahl der Fertigungsmethode, durch Auswahl des Werkstoffes und durch Oberflächenbehandlung wie Abbrennen, Tauchen usw. bedeutend herabgemindert werden. Bei ungünstig liegenden Bearbeitungsflächen an komplizierten Werkstücken ist die Einspannung durch angegossene Knaggen oder Hilfsbohrungen zu erleichtern.

2. Oberflächenzeichen.

Bis vor kurzem noch war die Bearbeitungsangabe ganz verschieden. Am gängigsten war die Umränderung der Bearbeitungsflächen, ohne Unterschied von Grob- oder Feinbearbeitung, mit dem Rotstift auf der Blaupause. Ferner gab man die Bearbeitung durch aneinandergereihte Kreuze (×××) oder Buchstaben (BBB bbb) an.

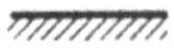

Abb. 109.

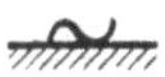

Abb. 110.

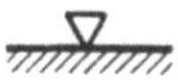

Abb. 111.

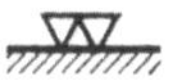

Abb. 112.

Erst in neuerer Zeit sind die Angaben für die spanabhebende Bearbeitung durch die im Anhang beigefügte DIN 140, Bl. 1, in eine einheitliche Form gebracht. Die in Betracht kommenden Oberflächenzeichen sind in Abb. 109 bis 112 zur Darstellung gebracht. Für die saubere und glatte Oberfläche, bei der Nacharbeit möglichst nicht nötig sein soll, gilt das Ungefährzeichen nach Abb. 110. Die Schruppbearbeitung wird durch ein mit der Spitze auf die Bearbeitungsfläche gestelltes Dreieck, die Schlichtbearbeitung durch zwei Dreiecke gekennzeichnet (Abb. 111 und 112). Unbearbeitet bleibende Flächen erhalten keine Oberflächenzeichen (Abb. 109).

Abb. 113.

Abb. 114.

Für die verlangte Maßgenauigkeit sind die in die Zeichnung eingetragenen Maße bestimmend. Die Bearbeitungszeichen haben mit der Maßgenauigkeit nichts zu tun.

Unnötige Wiederholung ist zu vermeiden. Ist das Werkstück in mehreren Ansichten und Schnitten dargestellt, wird wie bei der Maßeintragung die Bearbeitungsangabe nur in einer Ansicht oder einem Schnitt dargestellt.

Die Oberflächenzeichen sind stets dort anzuordnen, wo die zu bearbeitenden Flächen am deutlichsten in Erscheinung treten. Auch sollen die Zeichen immer in der Nähe des dazugehörigen Maßes stehen (siehe Abb. 113.)

Ist die Bearbeitung schon durch die für bestimmte Zwecke allgemein gebräuchlichen Werkzeuge wie Bohrer, Stanzwerkzeuge usw. bedingt, so wird nur dann das Bearbeitungszeichen gesetzt, wenn noch eine weitere Bearbeitung, wie z. B. Einschleifen, Aufreiben usw., erfolgt.

Das Oberflächenzeichen soll auch dann gesetzt werden, wenn die Bearbeitung bereits durch Paß- oder Toleranzangabe bedingt ist.

Bei Werkstücken mit allseitig gleichmäßig zu bearbeitender Oberfläche genügt die einmalige Angabe des Bearbeitungszeichens, welches zweckmäßig neben die Teilnummer gesetzt wird (Abb. 114).

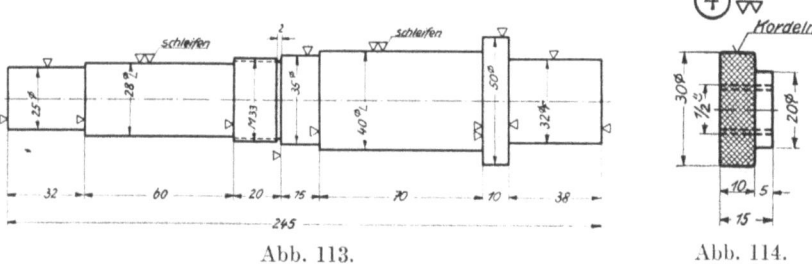

Bei Platzmangel setzt man das Bearbeitungszeichen auf die Maßbegrenzungslinie (Abb. 113).

3. Bearbeitungs- und Behandlungsangaben.

Außer der spanabhebenden Bearbeitung erfährt der Gegenstand häufig die mannigfachste Behandlung. Verschiedentlich wurde auch früher schon die diesbezügliche Bearbeitungsvorschrift in möglichst kurzen stichhaltigen Worten in die Zeichnung eingetragen; jedoch ließ vielfach die Einheitlichkeit und Übersichtlichkeit zu wünschen übrig, so daß sich nicht selten Mißverständnisse ergaben.

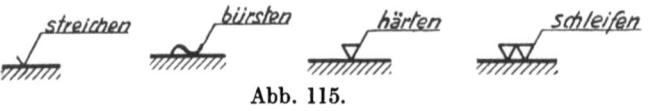

Abb. 115.

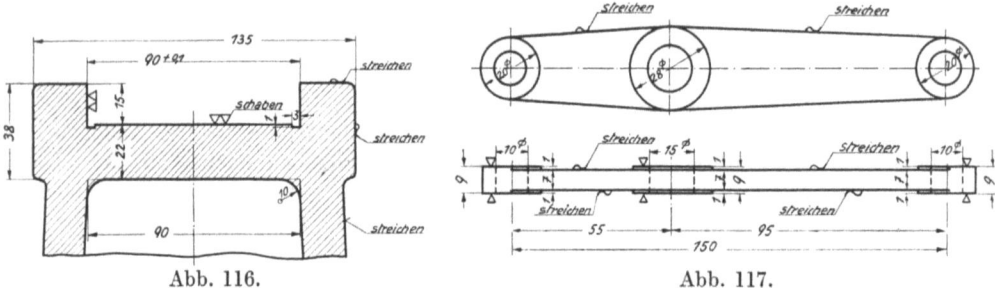

Abb. 116.   Abb. 117.

Der Normenausschuß der Deutschen Industrie legte unter DIN 200, Bl. 1, die Bearbeitungsvorschrift mit Bezugshaken fest und brachte so die Bearbeitungs- und Behandlungsangaben in eine einheitliche Form (Abb. 115).

Die Abb. 113, 114, 116 und 117 zeigen praktische Beispiele für die Eintragung der Oberflächenzeichen sowie der Bearbeitungs- und Behandlungsangaben.

XI. Bemerkungen auf der Zeichnung.

Zur ordentlichen Herstellung eines Gegenstandes wird es oft zweckmäßig sein, außer den Maßangaben noch besondere Bemerkungen in die Zeichnung einzutragen. Nachstehend einige Beispiele:

a) **Bemerkungen zu der Zeichnung:** Ansicht von oben gesehen. — Ansicht von unten gesehen. — Ansicht in Pfeilrichtung gesehen. — Der Vermerk „Rechtsmodell" oder „Linksmodell" findet Anwendung bei Maschinenteilen, welche bei sonst gleichen Maßangaben sich nur dadurch voneinander unterscheiden, daß bei dem einen Stück ein Teil rechts, bei dem anderen dagegen links sitzt.

b) **Bemerkungen über die Ausführung:** Der Bolzen ist dunkelrot anzuwärmen und in Öl abzukühlen. — Nach dem Einschleifen zu härten. — Ventilkegel unter Dampf einschleifen. — Ecken gut abrunden. — Übergänge gut abrunden. — Kanten brechen. — Bei Montage einpassen. — Sitz der Schraube bei Montage bestimmen. — Gewinde und sämtliche Bohrungen müssen genau zentrisch laufen. — Der Konus muß schließend aufsitzen. — Das Gewinde muß sauber in Teil 2 passen. — Die Schraube muß sich leicht, aber schließend einschrauben lassen. — Der zylindrische Teil muß auf seiner ganzen Länge gerade sein und ist nach dem Härten auf den genauen Durchmesser zu schleifen. — Ring warm aufziehen und nachdrehen. — Knaggen nach Einpassen des Sitzes wegdrehen. — Bei Kernschrauben: Vierkant nach dem Einschrauben des Verschlußstopfens abhauen. Sitz muß 2 mm Nachzug haben u. a. m.

Die zweckmäßige Anordnung der Vermerke vorstehender oder ähnlicher Art unterstützt die rationelle Fabrikation, auch beweist der Anfertiger der Zeichnung gleichzeitig sein Verständnis für rationelle Fertigung.

Im übrigen verweisen wir auf die im Anhang wiedergegebene D I N 200, Bl. 1, welche die hauptsächlich in Frage kommenden Bearbeitungs- und Behandlungsangaben in übersichtlicher Weise zum Ausdruck bringt.

XII. Anlegen der Schnittflächen.

Für Anschauungszwecke legt man die Schnittflächen zur Kennzeichnung des Materials in besonderen Farben an.

Für die gebräuchlichen Materialien gelangen folgende Farben bzw. Farbenmischungen zur Anwendung:

Für Gußeisen: Neutraltinte.
Für Stahlguß und Schmiedestahl: Preußischblau mit Karmin (Violett).
Für Schmiedeeisen: Preußischblau.
Für Rotguß und Bronze: Rotgußfarbe (Orange, aus Karmin und Gummigutti).
Für Kupfer: Karmin mit Terra di Siena (Dunkelkarmin).
Für Weißmetall, Blei und Zink: Preußischblau und Gummigutti (Hellgrün).
Für Hartholz: Terra di Siena mit etwas Sepia (Rotbraun).
Für Weichholz: Gebrannte Terra di Siena (Gelbbraun).
Für Leder: Gummigutti mit Siena (Gelbbraun).
Für Kautschuk: Sepia mit einer Spur Blau (Dunkelbraun).
Für Glas: Preußischblau mit Gummigutti (Hellgrün).
Für Mauerwerk: Zinnober.
Für Beton: Hellgrau.
Für Erdreich: Sepia mit Siena und einer Spur Neutraltinte (Dunkelbraun).
Für Wasser: Preußischblau mit einer Spur Gummigutti (Blau etwas grünlich).

Die Farben sind dünn aufzutragen, so daß die innerhalb der Schnittflächen liegenden Maße und Linien gut sichtbar bleiben. An der oberen und linken Kante der Schnittfläche läßt man einen 1 mm breiten Flächestreifen von Farbe frei. Hierdurch erscheinen aneinanderstoßende Flächen besser getrennt. Beim Anlegen der Schnittflächen ist das Zeichenbrett etwas schräg zu legen. Hierdurch erzielt man ein besseres Fließen der Tusche. Man mache es sich zur Regel, zuerst die größeren Flächen anzulegen und hernach die kleineren. Vor dem Anlegen ist die Tusche ordentlich durchzumischen. Man beginne stets am oberen Rande der Fläche. Zur Vermeidung von wolkigen Stellen ist es unbedingt erforderlich, daß man die aufgetragene Farbe nicht eher eintrocknen läßt, bevor man die ganze Fläche angelegt hat. Über die Zeichnungslinien getretene Tusche wischt man zweckmäßig sogleich mit dem trockenen Finger zurück. Es empfiehlt sich, die Tusche reichlich aufzutragen. Die überflüssige Tusche wird in einer unteren Ecke zusammengezogen und mit dem trockenen Pinsel abgehoben.

XIII. Beispiel für die Reihenfolge der Anfertigung einer technischen Zeichnung.

1. Anfertigung der Bleizeichnung.

Bevor man mit dem Aufzeichnen eines Gegenstandes beginnt, untersuche man das Werkzeug. Sodann lege man dasselbe ordnungsgemäß an den für dieses bestimmten Platz.

1. Wahl des Maßstabes.

Es ist ein möglichst gebräuchlicher Maßstab zu wählen, z. B. 1 : 2,5, 1 : 5, 1 : 10, 1 : 20, 1 : 50, 1 : 100 usw. Den Maßstab 1 : 2 soll man nach Möglichkeit vermeiden, weil derselbe dem natürlichen Maßstab sehr nahe liegt und daher täuschend wirkt. Wenn nicht besondere Umstände einen verkleinerten Maßstab erfordern, sollte man den betreffenden Gegenstand stets in natürlicher Größe aufzeichnen.

2. Bestimmung der Größe des Zeichenbogens.

Hierbei hat der Zeichner zu überlegen, welche Ansichten und Schnitte er benötigt, um den Ausführenden die Zeichnung verständlich zu machen.

3. Einteilung des Zeichenbogens.

4. Aufzeichnen der verschiedenen Risse bzw. Ansichten.

Es empfiehlt sich, die zu einem Gegenstande gehörigen Risse und Ansichten gleichzeitig in Angriff zu nehmen. Man wird oftmals ohne den zweiten und dritten Riß nicht arbeiten können. Beim Aufzeichnen der verschiedenen Risse sind zuerst die strichpunktierten Mittellinien zu ziehen. Der Genauigkeit wegen sind diese möglichst fein zu ziehen.

5. Einzeichnen der Maß- und Maßzuführungslinien.
6. Anbringen der Maßpfeile.
7. Eintragen der Maße.
8. Anfertigung der Stücklisten.
9. Prüfen der Zeichnung auf ihre Richtigkeit.

2. Ausarbeitung der Bleizeichnung.

1. Ausziehen der Mittellinien.
2. Ausziehen der Vollinien für sichtbare Kanten und Umrisse.
3. Ausziehen der Strichlinien für unsichtbare (verdeckte) Kanten und Umrisse.
4. Ausziehen der Maßlinien.

Man ziehe zuerst die Kreise, Kreisbogen und Kurven, hierauf die wagerechten, dann die senkrechten und endlich die schrägliegenden Linien. Beim Ausziehen der wagerechten und senkrechten Linien beginne man stets von links. Etwa übersehene Linien sind nach dem Ausziehen der Zeichnung einzutragen.

5. Anbringen der Maßpfeile.
6. Einschreiben der Maßzahlen.
7. Angabe der Bearbeitung.
8. Beschriftung.
9. Prüfen der Zeichnung.
10. Abradieren der Zeichnung.
11. Anlegen der Schnittflächen.
12. Numerieren der Zeichnung.
13. Eintragen des Datums und Namens des Zeichners.

3. Anfertigung der Tuschpause.

1. Ausziehen der Mittellinien.
2. Ausziehen der Vollinien für sichtbare Kanten und Umrisse.
3. Ausziehen der Strichlinien.
4. Schraffieren der Schnittflächen.
5. Ausziehen der Maßlinien.
6. Anbringen der Maßpfeile.
7. Einschreiben der Maßzahlen.
8. Angabe der Bearbeitung.
9. Beschriftung.
10. Prüfen der Zeichnung.
11. Numerieren der Zeichnung.
12. Eintragen des Datums und Namens des Zeichners.

XIV. Wie muß eine technische Zeichnung beschaffen sein, wenn sie den Anforderungen der Werkstatt genügen soll?

Die Werkzeichnung dient den Werkstätten als Grundlage für die Ausführung. Sie ist für die Fabrikation bestimmend und infolgedessen von ganz besonderer Wichtigkeit. Diese so wichtigen Zeichnungen werden aber leider immer noch nicht sorgfältig genug ausgeführt. Mangelhaft ausgeführte Zeichnungen lassen sich schlecht lesen und führen nicht selten zu Unstimmigkeiten. Durch die bessere Ausführung der Zeichnung wird die Lesbarkeit gehoben und die Fabrikationszeit nicht unwesentlich herabgemindert. Es lohnt sich also, die Zeichnungen in allen Einzelheiten gewissenhaft durchzuarbeiten. Wenn die Zeichnung den Anforderungen der Werkstatt genügen soll, muß sie den Fabrikationsgang in jeder Hinsicht fördern. Die Zeichnung, die den Fabrikationsgang unnötig verzögert, ist für den Werkstattgebrauch nicht geeignet und kann infolgedessen auch keinen Anspruch darauf erheben, Werkzeichnung zu sein.

Die Werkzeichnung ist das Verständigungsmittel zwischen Konstruktionsbüro und Werkstatt. Bestimmungsgemäß muß sie ganz besonders klar und übersichtlich sein. Sie muß jeden Zweifel und jedes Mißverständnis ausschließen. Die Form des darzustellenden Gegenstandes wird zweckmäßig durch kräftige Linien hervorgehoben. Die verschiedenen Ansichten und Schnitte dürfen die Übersichtlichkeit nicht gefährden. Die Maße müssen gut verteilt und übersichtlich angeordnet werden. Die Maßzahlen sollen gut zu erkennen sein. Wenn ein Konstruktionsteil in der Zeichnung sehr klein ausfällt, empfiehlt es sich, die betreffende Stelle vergrößert herauszuzeichnen. Diese beiden nur maßstäblich voneinander abweichenden Konstruktionsteile werden der besseren Übersicht wegen nebeneinander angeordnet.

Die Werkzeichnung soll in jeder Hinsicht vollständig sein. Eine mündliche Verständigung muß sich erübrigen. Nachfragen ziehen in den meisten Fällen ein Stocken der Fabrikation nach sich und verursachen Zeit- und Geldverluste. Die Maßeintragung muß so vollständig sein, daß kein Maß abgemessen oder errechnet zu werden braucht. Das Bild der Konstruktion ist nämlich nicht immer genau maßstäblich. Schon bei der Vervielfältigung durch das Lichtpausverfahren tritt eine Veränderung der Zeichnung ein. Oft läßt der verlangte Genauigkeitsgrad ein Abmessen der Maße auch gar nicht zu; die geringen Abweichungen, die durch das Lichtpausen entstehen, würden schon genügen, um den betreffenden Gegenstand falsch auszuführen. Das Abmessen der Maße ist also unter allen Umständen zu vermeiden. Die Größenverhältnisse müssen durch die Maßzahlen restlos gegeben sein. Das Konstruktionsbild soll nur der Formvorstellung dienen. Oft wird die Zeichnung auch noch durch zweckentsprechende Vermerke vervollständigt werden müssen. Die Vermerke sollen kurz und treffend sein.

Für die praktische Ausführung sind ferner noch die Bearbeitungs- und Behandlungsangaben sehr wichtig. Wenn diese ihren Zweck erfüllen sollen, müssen sie zweifellos richtig alles enthalten, was die praktische Bearbeitung erfordert. Die Werkzeichnung muß die zu bearbeitenden Stellen und die Bearbeitungsart ohne weiteres erkennen lassen. Die Bearbeitung muß schon beim Aufzeichnen der Form berücksichtigt werden. Die Form muß sich auf den verfügbaren Werkzeugmaschinen mit einem möglichst geringen Zeit- und Kostenaufwand gut bearbeiten lassen; dabei sollen die vorhandenen Werkzeuge und Vorrichtungen in weitestgehendem Maße Verwendung finden. Die vorstehenden Ausführungen lassen erkennen, daß die konstruktive Festlegung der Form nur von einem Techniker ausgeführt werden kann, der den Arbeitsgang und die Betriebseinrichtungen genau kennt.

Die richtig ausgeführte Werkzeichnung verlangt Sachkenntnis. Es kann darum nicht oft genug betont werden, daß die Werkstattpraxis für den Hersteller maschinentechnischer Zeichnungen eine unbedingte Notwendigkeit ist. Durch die Werkstattpraxis sichert er sich aber auch persönliche Vorteile. Der mit der modernen Fabrikation vertraute Techniker ist immer eine gesuchte Kraft.

XV. Zeichenutensilien.

Die Beschaffenheit der Werkzeuge und Materialien ist für rationelles Arbeiten von größter Wichtigkeit. Die ständig zu benutzenden Werkzeuge sollen in handlicher Nähe liegen.

Für das Maschinenzeichnen werden nachstehende Werkzeuge benötigt:

Reißzeug, welches folgende Teile enthalten muß:

Zirkel mit Blei- und Ziehfedereinsatz.

Stechzirkel mit auswechselbaren Stahlspitzen. Letztere müssen abgesetzt sein, damit durch wiederholtes Einsetzen des Zirkels in ein und dieselben Löcher diese nicht zu groß gebohrt werden.

Einstellbarer Stechzirkel für das Abtragen kleiner Strecken;

Nullenzirkel (d. i. ein Zirkel für sehr kleine Kreise) mit Blei- und Ziehfedereinsatz.

Je eine Ziehfeder für schwarze und farbige Ausziehtusche. Die Ziehfedern sind nach Gebrauch sofort mittels eines Leinenläppchens gut zu reinigen. Scharfe Gegenstände, wie z. B. Radiermesser, sind zum Entfernen der eingetrockneten Tusche nicht zu verwenden. Durch das Ausschaben der empfindlichen Ziehfeder entsteht an dieser ein feiner Grad, der das Ziehen eines sauberen Striches unmöglich macht.

Reißbrett, dessen Abmessungen sich nach der Größe der anzufertigenden Zeichnungen richtet.

Reißschiene, welche nur zum Ziehen der wagerechten Linien und zum Anlegen der Winkel zu benutzen ist. Auf keinen Fall darf die Reißschiene beim Abschneiden des Bogens zum Anlegen des Messers verwendet werden.

Zeichenutensilien.

Je einen Winkel von 30 und 45°. Bei ein und derselben Zeichnung soll man zum Ziehen der senkrechten Linien nicht bald diesen, bald jenen Winkel benutzen. Hierfür ist ausschließlich der 30°-Winkel bestimmt. Die Winkel sollte man von Zeit zu Zeit auf ihre Genauigkeit prüfen. Hierbei verfährt man folgendermaßen: Man legt die Reißschiene an und zieht mit dem zu prüfenden Winkel eine senkrechte Linie. Dann kehrt man den Winkel um und zieht nochmals dieselbe Linie. Weichen die Linien voneinander ab, so ist der Winkel ungenau.

Kurvenlineal.

Reißbrettstifte zur Befestigung des Zeichenbogens. Reißbrettstifte mit leicht gewölbtem Kopf sind solchen mit flachem Kopf vorzuziehen, weil erstere den Bogen besser festhalten.

Bleistifte Nr. 3 für das Skizzieren und solche Nr. 4 oder 5 für das Zeichnen. Der Skizzierstift erhält eine schlanke runde, der Zeichenstift dagegen eine schlanke, flache Spitze. Das Zirkelblei wird einseitig, flach angeschärft; die Spitze muß nach innen zeigen.

Doppelschlichtfeile für das Schleifen der Bleistifte und des Zirkelbleies. Um eine ganz feine Spitze zu erhalten, schärft man das Blei noch auf einem Stück Papier nach.

Je ein Stück Blei- und Tuschgummi.

Radiermesser für das Entfernen von Tuschelinien. Dieses darf nicht zum Reinigen der Ziehfeder oder zum Heben der Reißbrettstifte benutzt werden.

Kleiner Handfeger.

Maßstab mit Millimeterteilung.

1 Zollstock mit Millimeterteilung.

Je ein Greif- und Lochtaster.

Schublehre.

Je 1 Glas schwarze, rote und blaue Ausziehtusche.

Zeichenfedern für das Ausbessern der Tuschelinien.

Verschiedene Farben für das Anlegen der Schnittflächen (Seite 27).

Ferner werden benötigt:

Doppelpinsel, welcher nach Gebrauch gut zu reinigen und zu trocknen ist;

Tuschnapf für das Anmengen der Farben;

Wasserglas;

Transporteur (Winkelmesser) für Winkel, welche sich mit Hilfe des 30- und 45°-Winkels nicht zusammenstellen lassen. Vorgeschrittene Zeichner bedienen sich beim Aufzeichnen dieser Winkel der Trigonometrie.

Anhang.

Zeichnungsnormen.

Zeichnungsarten (DIN 199)[1].

Skizze	kurz angedeutete, meist freihändige Darstellung
Entwurfzeichnung	für Angebot und Ausführung
Angebotzeichnung	zur Erläuterung der Ausschreibung oder Abgabe eines Angebotes
Bestellzeichnung	verbindliche technische Grundlage einer Bestellung
Genehmigungszeichnung	zur Prüfung auf vertragliche oder vorschriftsmäßige Bauart
Lieferzeichnung	technischer Ausweis über die Lieferung
Beschreibungszeichnung	zur Ergänzung einer Lieferbeschreibung
Revisionszeichnung	Lieferzeichnung, in der die für die Revision wichtigen Maße kenntlich gemacht sind
Statische Zeichnung	graphische Berechnung
Bearbeitungsplan	zur Erläuterung der Arbeitsgänge bei der Herstellung eines Werkstückes
Schaltplan	für elektrische Schaltungen
Wickelplan	für den Verlauf von Wicklungen bei elektrischen Maschinen und Apparaten
Leitungsplan	für das Verlegen elektrischer Leitungen
Rohrplan	für Gas- und Flüssigkeitsleitungen
Gleisplan	für Gleisanlagen
Richtzeichnung (Montagezeichnung)	für den Zusammenbau und Einbau
Fundamentzeichnung	für die Herstellung eines Fundamentes
Einmauerungszeichnung	für Kessel und Apparate
Lageplan	zur Festlegung der gegenseitigen Lage von Maschinen und Bauten
Patentzeichnung	für Patentanmeldungen
Gebrauchsmusterzeichnung	für Gebrauchsmusteranmeldungen
Graphische Darstellung	Linien für Zahlenwerte
Organisationsplan	zur Darstellung einer Organisation
Schaubild	perspektivische Zeichnung von Bauwerken, Maschinen und Apparaten
Druckstockzeichnung	für die Herstellung eines Druckstockes
Stammzeichnung	Zeichnung von grundlegendem Wert (Original) für Konstruktion und Bau
Werkzeichnung	Zeichnung, nach der in der Werkstatt oder auf dem Bau gearbeitet wird
Teilzeichnung	für die Darstellung eines Einzelteiles
Übersichtszeichnung	Gesamtdarstellung
Bleizeichnung Tuschzeichnung	Originalzeichnungen in Blei, Tusche (Tinte)
Pause	Kopie einer Blei- oder Tuschzeichnung
Lichtpause	Lichtdruck von einer Pause oder pausfähigen Zeichnung
Lichtbild	Photoabzug
Druck	gedruckte Vervielfältigung.

Oktober 1923.

---

[1] Wiedergabe erfolgt mit Genehmigung des NDI. Verbindlich für die vorstehenden Angaben bleiben die Dinormen. Normblätter sind durch den Beuthverlag G. m. b. H., Berlin SW 19, Beuthstr. 8, zu beziehen.

Zeichnungsnormen.

Formate und Maßstäbe (DIN 823)[1]).

Formate.

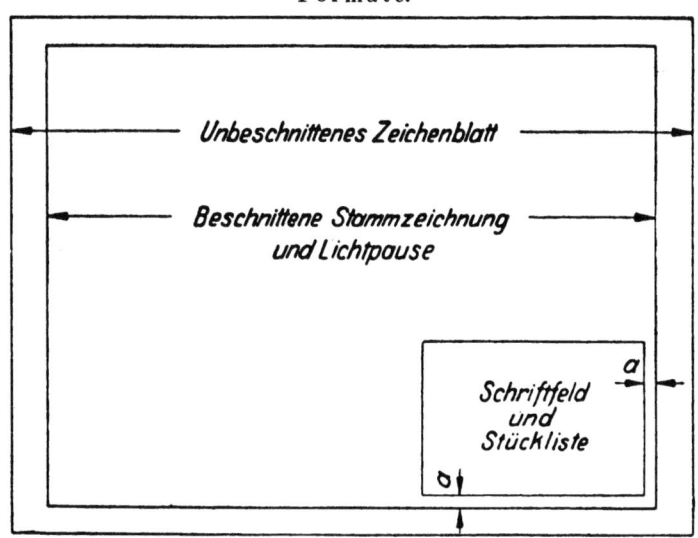

Formate nach DIN 476 Reihe A	A 0	A 1	A 2	A 3	A 4	A 5	A 6
Beschnittene Stammzeichnung u. Lichtpause (Fertigformat)	841 × 1189	594 × 841	420 × 594	297 × 420	210 × 297	148 × 210	105 × 148
Schriftfeldabstand a vom Rand der Pause	10	10	10	10	5	5	5
Unbeschnittenes Zeichenblatt (Kleinstmaß)	880 × 1230	625 × 880	450 × 625	330 × 450	240 × 330	165 × 240	120 × 165

Die Blattgrößen gelten für alle Arten von technischen Zeichnungen, auch für gedruckte Maßskizzen, gedruckte Zeichnungen und Normblätter, sowie für Zeichnungsvordrucke. Die Blätter können in Hoch- und Querlage verwendet werden. Bei den kleinen Formaten kann die Hochlage zur Norm werden.

Bei kleinen Zeichnungen ist ein Heftrand von 25 mm zulässig, um den die Nutzfläche des Fertigformates kleiner wird (s. DIN 820).

Schmale Formate können ausnahmsweise durch Aneinanderreihen gleicher oder benachbarter Formate der Formatreihe gewonnen werden (s. obenstehendes Bild).

Größere Formate als A 0 werden durch Verdoppeln (Vervierfachen) von A 0 gewonnen.

Von den z. Z. handelsüblichen Rollenbreiten sind für Reihe A verwendbar:
für Zeichenpapiere, Transparentpapiere 1500 1560
                                        daraus abgeleitet 250 1250 660 900
für Lichtpauspapiere 650 900 1200
für Pausleinen (Angaben folgen später)

Maßstäbe

Natürliche Größe   1:1
Für Verkleinerungen   1:2,5   1:5   1:10   1:20   1:50   1:100   1:200   1:500   1:1000
Für Vergrößerungen   2:1   5:1   10:1

Im Schriftfeld sind der Hauptmaßstab der Zeichnung in großer und die übrigen Maßstäbe in kleinerer Schrift anzugeben; letztere sind bei den zugehörigen Darstellungen zu wiederholen. Alle Gegenstände sind maßstäblich zu zeichnen; Maßzahlen für nicht maßstäblich gezeichnete Teile sind zu unterstreichen.

Januar 1923.

---
[1]) Wiedergabe erfolgt mit Genehmigung des NDI. Verbindlich für die vorstehenden Angaben bleiben die Dinormen. Normblätter sind durch den Beuthverlag G. m. b. H., Berlin SW 19, Beuthstr. 8, zu beziehen.

Anhang.

Linien (DIN 15)[1].

Linienstärken.

| 1,2 mm | 1 mm | 0,8 mm | 0,6 mm |
| 0,4 mm | 0,3 mm | 0,2 mm | 0,1 mm |

Liniengruppen.

1,2 mm

1 mm 0,6 mm

0,8 mm 0,4 mm 0,3 mm

---

[1] Wiedergabe erfolgt mit Genehmigung des NDI. Verbindlich für die vorstehenden Angaben bleiben die Dinormen. Normblätter sind durch den Beuthverlag G. m. b. H., Berlin SW 19, Beuthstr. 8, zu beziehen.

Linien (DIN 15) Fortsetzung.

Anwendungsgebiete der Linienarten.

Vollinien:

1. für sichtbare Kanten und Umrisse, und zwar 1,2 bis 0,3 mm stark. Sie sind — besonders bei Werkzeichnungen — so stark auszuziehen, wie es die Größe oder die Art der Zeichnung zuläßt, und zwar einheitlich bei allen im gleichen Maßstab gezeichneten Darstellungen eines Gegenstandes;
2. für die Umrisse benachbarter Teile zur Andeutung des Zusammenhanges, für Grenzstellungen bei Hebeln, Kolben, Griffen usw. und bei Ansichten zur Angabe von Querschnitten, die in die Zeichenfläche gedreht sind, z. B. von Armquerschnitten bei Rädern, und zwar in der Stärke der Strichpunktlinien:
3. als Maß- und Maßhilfslinien in der Stärke der untersten Linien der Gruppen;
4. zum Schraffieren von Schnittflächen in der Stärke der Maßlinien.

Strichlinien:

5. für unsichtbare (verdeckte) Kanten und Umrisse. Die Striche sind nicht zu kurz zu ziehen, ihre Länge hängt von der Gesamtlänge der zu strichelnden Linie ab;
6. bei Sinnbildern, z. B. für Kernlinien bei Schrauben (s. DIN 27) und für Grundkreise bei Zahnrädern (s. DIN 37).

Strichpunktlinien:

7. für Mittellinien, und zwar etwas stärker als die Maßlinien;
8. für Sinnbilder, z. B. für Teilkreise bei Zahnrädern (s. DIN 37);
9. für Bearbeitungszugaben, z. B. bei Schmiedestücken.
10. für Teile, die vor dem dargestellten Gegenstand liegen;
11. zur Angabe von Schnittebenen. Hierbei sind die Striche etwas stärker als die sichtbaren Kanten auszuziehen.
  Bei den unter 9, 10 und 11 aufgeführten Linien sind die Striche kürzer als bei den Mittellinien zu halten.

Freihandlinien:

12. für Sprengfugen und für Bruchkanten bei Metallen, Isolierstoffen, Steinen u. a. m. als Linien mit schwachen Krümmungen in der Stärke der Strichlinien; ebenso für Bruchkanten bei Holz als Zickzacklinien in der Stärke der Mittellinien (s. DIN 36);
13. für Holzquerschnitte und für Holzoberflächen zur Kennzeichnung von Hirnholz und Langholz in der Stärke der Maßlinien.

Linienfarbe

In den Stammzeichnungen sind Linien und Schrift in schwarzer Farbe auszuführen. Andere Farben sind nur dann zulässig, wenn die Zeichnungen mit einfarbigen Linien nicht klar und übersichtlich sind, z. B. Rohrpläne und Leitungspläne.

August 1921, 3. Ausgabe (geändert).

Schräge Blockschrift (Buchstaben und Ziffern).
(DIN 16, Blatt 1)[1].

abcdefghijk
lmnopqrsßt
uvwxyzäöü
ABCDEFGHIJ
KLMNOPQRS
TUVWXYZÄÜ
123456789
0 VIII XV XIII

---

[1] Wiedergabe erfolgt mit Genehmigung des NDI. Verbindlich für die vorstehenden Angaben bleiben die Dinormen, Normblätter sind durch den Beuthverlag G. m. b. H., Berlin SW 19, Beuthstr. 8 , zu beziehen.

Schräge Blockschrift (DIN 16, Blatt 2)[1].

Schriftgrößen.

Normenausschuß der Deutschen Industrie, Berlin NW7, Sommerstraße 4a   1,8

Normenausschuß der Deutschen Industrie, Berlin NW7, Sommerstraße 4a   2,5

Normenausschuß der Deutschen Industrie, Berlin NW7, Sommerstraße 4a   3,5

Normenausschuß der Deutschen Industrie, Berlin NW7, Sommerstraße 4a   5

Normenausschuß der Deutschen Industrie, Berlin NW7,   7

Normenausschuß der Deutschen Industrie   10

Normenausschuß   14

Industrie   20

Die Zahlen neben den Beispielen geben die Höhe der großen Buchstaben in Millimetern an. Als weitere Schrifthöhen kommen für größere Schrift 28, 40, 56, 80, 112, 160 mm in Betracht.

Die Höhe der Buchstaben a, c, e usw. beträgt $^2/_3$ der Schrifthöhe des b, A, g usw. Die Schrift ist um 75° gegen die Wagerechte geneigt, die Stärke der Linienzüge beträgt $^1/_8$ der Schrifthöhe. Die 1,8, 2,5 und die 3,5 mm hohen Schriften sind von Hand zu schreiben, die 5 bis 20 mm hohen Schriften können mittels handelsüblicher Schablonen hergestellt werden. Als Kleinstmaß für den Zeilenabstand gilt das 1,4fache der Höhe der großen Buchstaben.

Oktober 1922, 2. Ausgabe (geändert).

---

[1] Wiedergabe erfolgt mit Genehmigung des NDI. Verbindlich für die vorstehenden Angaben bleiben die Dinormen. Normblätter sind durch den Beuthverlag G. m. b. H., Berlin SW 19, Beuthstr. 8, zu beziehen.

Maßeintragung (DIN 406, Blatt 5).[1]

Toleranzen.

Toleranzen sind hinter die Maßzahl, durch Angabe der Abmaße oder Passungskurzzeichen einzutragen. Wenn es die Deutlichkeit der Zeichnungen erfordert, sind Bezugslinien anzuwenden.

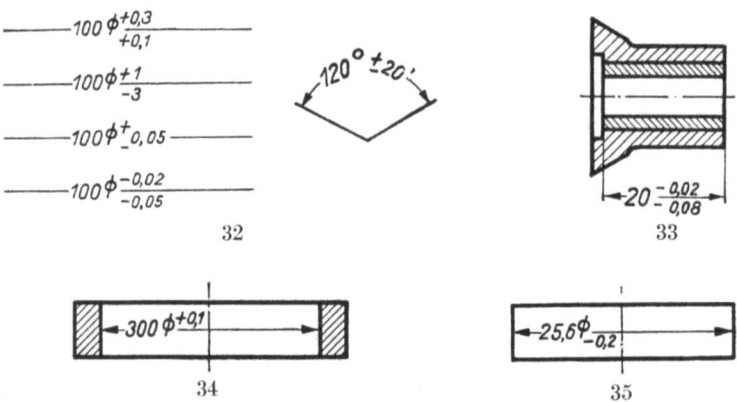

Beim Eintragen von Toleranzen durch Zahlen werden dem Nennmaß beide Abmaße hinzugefügt (Bild 32 und 33), dies gilt sinngemäß auch für die Eintragung von Winkeltoleranzen (Bild 32). Das Abmaß 0 (Null) wird nicht eingetragen (Bild 34 und 35).

Das obere Abmaß ist ohne Rücksicht auf das Vorzeichen über, das untere Abmaß unter der Maßlinie einzutragen.

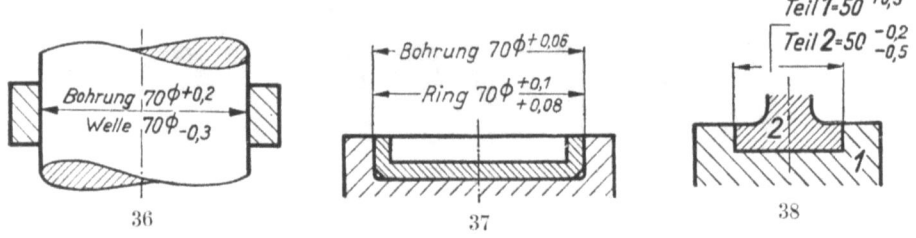

Ist bei ineinandergesteckt gezeichneten Teilen für jedes Teil nur ein Abmaß einzutragen, weil das zweite Abmaß Null ist, so ist nur eine Maßlinie erforderlich (Bild 36). Sind jedoch für ein oder beide Teile beide Abmaße anzugeben, so können zwei Maßlinien vorgesehen werden, von denen die obere das Nennmaß und die Abmaße für die Bohrung bzw. für das Außenstück, und die untere die entsprechenden Angaben für die Welle bzw. für das Innenstück enthält (Bild 37). Den Maßen sind die Worte „Bohrung" und „Welle" („Bolzen", „Dorn" usw.) oder die Teilnummern der Stückliste voranzusetzen (Bild 36 bis 38).

November 1924.

---

[1] Wiedergabe erfolgt mit Genehmigung des NDI. Verbindlich für die vorstehenden Angaben bleiben die Dinormen. Normblätter sind durch den Beuthverlag G. m. b. H., Berlin SW 19, Beuthstr. 8 zu beziehen.

Zeichnungsnormen.

Maßeintragung (DIN 406, Blatt 6)[2]).

Passungen.

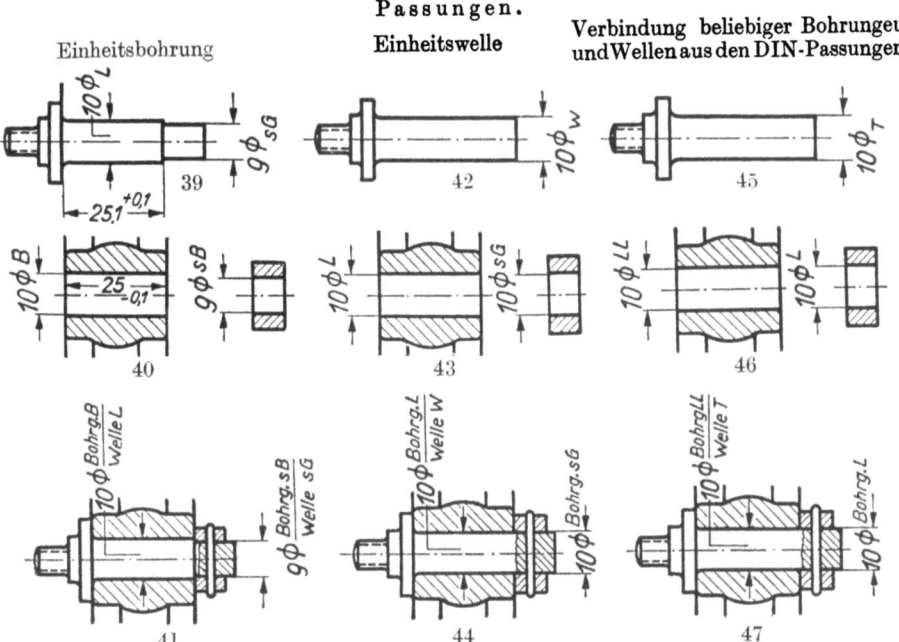

Passungskurzzeichen nach DIN 776 werden bei Rund- und Flachpassungen angewendet, wenn nach den Abmaßen der DIN-Passungen gearbeitet werden soll (Bild 39 bis 47). Die Kurzzeichen für die Bohrungen oder Außenstücke sind über die Maßlinie, die für Wellen oder Innenstücke unter die Maßlinie zu setzen (siehe auch Bild 48).

Zweckmäßig sind bei ineinandergesteckt gezeichneten Teilen den Passungskurzzeichen die Worte „Bohrung" und „Welle" („Bolzen", „Dorn" usw.) voranzusetzen (Bild 41, 44, 47), oder es sind die Teilnummern vor die Maßzahlen zu schreiben (Bild 48 bis 50). Bei Anwendung beliebiger Bohrungen und Wellen aus den DIN-Passungen ist dies erforderlich. Gestatten die Formen des Werkstückes die Anwendung gebräuchlicher Grenzlehren nicht, so sind die Abmaße nach den DIN-Passungen einzutragen (Bild 49).

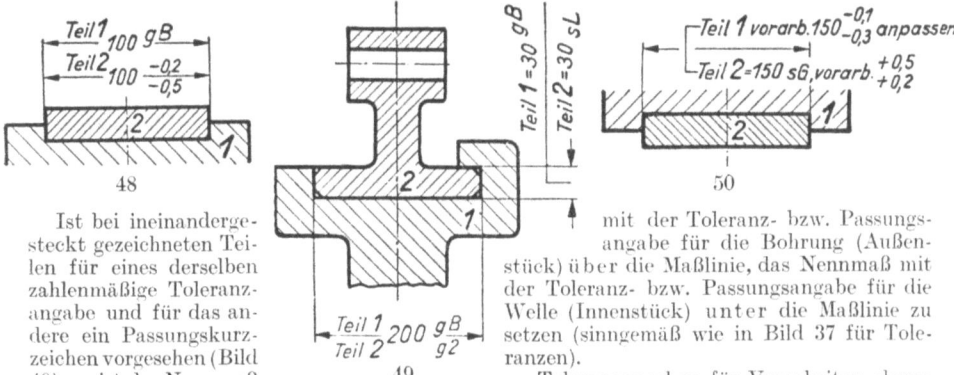

Ist bei ineinandergesteckt gezeichneten Teilen für eines derselben zahlenmäßige Toleranzangabe und für das andere ein Passungskurzzeichen vorgesehen (Bild 49), so ist das Nennmaß mit der Toleranz- bzw. Passungsangabe für die Bohrung (Außenstück) über die Maßlinie, das Nennmaß mit der Toleranz- bzw. Passungsangabe für die Welle (Innenstück) unter die Maßlinie zu setzen (sinngemäß wie in Bild 37 für Toleranzen).

Toleranzangaben für Vorarbeiten, denen ein weiterer Arbeitsgang folgt, z. B. bei Teilen, die fertig zu schleifen[1]) oder anzupassen sind, werden nach Bild 50 angegeben.

Januar 1926, 2. Ausgabe (geändert).

---

[1]) Schleifzugaben für ungehärtete gedrehte Wellen siehe DIN 60.
[2]) Wiedergabe erfolgt mit Genehmigung des NDI. Verbindlich für die vorstehenden Angaben bleiben die Dinormen. Normblätter sind durch den Beuthverlag G. m. b. H., Berlin SW 19, Beuthstr. 8, zu beziehen.

Gewinde (abgekürzte Bezeichnungen) (DIN 202)[4].

A. Für eingängige Rechtsgewinde.

Art des eingängigen Rechtsgewindes	Zeichen vor der Maßzahl	Maßangabe	Beispiel	Für Gewinde nach DIN
Whitworth-Gewinde	—	Außengewindedurchmesser in Zoll mit zugefügtem Zollzeichen	2″	11 [1]
Whitworth-Feingewinde	W	Außengewindedurchmesser in Millimetern mal Steigung in Zoll	W $104 \times \frac{1}{6}$″	239 und 240
Whitworth-Rohrgewinde	R	Innendurchmesser des Rohres in Zoll mit zugefügtem Zollzeichen	R 4″	259
Metrisches Gewinde	M	Außengewindedurchmesser in Millimetern	M 80	13 und 14
Metrisches Feingewinde	M	Außengewindedurchmesser in Millimetern mal Steigung in Millimetern	M 104×4	241, 242, 243 Bl. 1—3, 516, 517, 518, 519, 520 und 521
Trapezgewinde	Trapg	Außengewindedurchmesser in Millimetern mal Steigung in Millimetern	Trapg 48×8	103 Bl. 1 und 2, 378 und 379
Rundgewinde	Rundg	Außengewindedurchmesser in Millimetern mal Steigung in Zoll	Rundg $40 \times \frac{1}{4}$″	405
Sägengewinde	Sägg	Außengewindedurchmesser in Millimetern mal Steigung in Millimetern	Sägg 70×10	513, 514 und 515

B. Für Gewinde mit Spitzenspiel, Links- und mehrgängige Gewinde.

Bezeichnung des Zusatzes für	Abkürzung	Zeichenort	Beispiel	Für Gewinde	Gültig für
Mit Spitzenspiel	m Sp	hinter der Gewindebezeichnung	2″ m Sp	—	DIN 12
			R 4″ m Sp	R	DIN 260
Gas- und dampfdicht	dicht		2″ dicht	—	DIN 11 und 259
Linksgewinde[2]	links	vor der Gewindebezeichnung	links W $104 \times \frac{1}{6}$″	W	alle Gewinde unter A
			links M 80	M	
			links R 4″	R	
			links Trapg 48×8	Trapg	
Mehrgängiges Gewinde rechts	[3] gäng		2gäng 2″	—	
			2gäng Trapg 48×16	Trapg	
Mehrgängiges Gewinde links	[3] gäng links		2gäng links 2″	—	
			2gäng links Trapg 48×16	Trapg	

April 1926, 3. Ausgabe (geändert).

[1]) Die Toleranzen nach DIN ... legen für Whitworth-Gewinde nach DIN 11 ein kleines Spitzenspiel fest. Dieses wird in der Bezeichnung nicht ausgedrückt.

[2]) Bei Teilen, die mit Rechts- und mit Linksgewinde versehen sind, z. B. Stangenschlössern, Eisenbahn-Kupplungsspindeln, ist auch vor die Gewindebezeichnung des Rechtsgewindes das Wort „rechts" zu setzen.

[3]) Die Gangzahl ist von Fall zu Fall einzusetzen.

[4]) Wiedergabe erfolgt mit Genehmigung des NDI. Verbindlich für die vorstehenden Angaben bleiben die Dinormen. Normblätter sind durch den Beuthverlag G. m. b. H., Berlin SW 19, Beuthstr. 8, zu beziehen.

Zeichnungsnormen.

Oberflächenzeichen (DIN 140, Blatt 1)[1]).

Allgemeine Zeichen für die Beschaffenheit der Oberflächen von Werkstücken.

Oberflächenzeichen	Oberflächenbeschaffenheit	Ausführung	Anwendungsbeispiele
Ohne Zeichen	Rohbleibende Oberfläche — Ohne Bearbeitungszugabe	Gußhaut, Walzhaut, geschmiedete, gezogene Flächen usw. — Nicht bearbeitet	Freie Flächen an Maschinen- und Apparateteilen
Ungefährzeichen	Glatte Oberfläche möglichst ohne Nacharbeit — Ohne Bearbeitungszugabe	Maßhaltig und sauber gegossen, geschmiedet, gepreßt; falls erforderlich durch Meißeln, Feilen, Schleifen nachgeglättet (gekratzt)	Auflageflächen bei Schraubenaugen, Verschlußklappen, Blechabdeckungen und Blechverkleidungen, Bedienungshebel, Kränze rohbleibender Handräder, Preß- und Stanzteile
Ein Dreieck	Schruppfläche, wie sie durch Schruppen oder Grobschlichten entstanden ist — Mit Bearbeitungszugabe		Vorbearbeitete Teile, Sohlflächen von Lagern, Oberflächen von Grundplatten, Stirnflächen von Naben, Innenflächen von Kolbenringen, Schraubenschäfte, die nicht eingepaßt werden
Zwei Dreiecke	Schlichtfläche, wie sie durch Schlichten oder Feinschlichten entstanden ist — Mit Bearbeitungszugabe	Gefeilt, gehobelt, gefräst, gedreht, gerieben, geschliffen	Flächen ohne Paßangabe, die ein sauberes Aussehen bei nur mittlerer Oberflächengüte erhalten sollen, z. B. freie Stellen und Stirnflächen bei blanken Wellen und Spindeln, Seitenflächen an blanken Kurbeln. Flächen mit Paßangabe oder mit einem Zusatz für Sonderbearbeitung, die eine höhere Oberflächengüte aufweisen müssen, z. B. Zylinderbohrungen, Schieberspiegel, Paßteile, Meß- und Werkzeugflächen.

Sonderbearbeitungen (Einschleifen, Schaben usw.) oder Sonderbehandlungen (Härten, Lackieren usw.) siehe DIN 200.
Paßangaben siehe DIN 776.

Februar 1921.

Fortsetzung DIN 140, Blatt 2.

---

[1]) Wiedergabe erfolgt mit Genehmigung des NDI. Verbindlich für die vorstehenden Angaben bleiben die Dinormen. Normblätter sind durch den Beuthverlag G. m. b. H., Berlin SW 19, Beuthstr. 8, zu beziehen.

Bearbeitungs- und Behandlungsangaben. Wortangaben[1]) (DIN 200, Blatt 1)[4]).

Rohbearbeitung[2])
verputzen
abblasen
bürsten
abzundern (durch Beizen oder Hämmern)
scheuern
schneiden (mit Schneidbrenner)
schneiden (mit Schere)
stanzen
sägen

Spanabnehmende Bearbeitung[2])[3])
feinschlichten
schleifen
feinschleifen
schaben
reiben
ein- oder aufschleifen

Wärmebehandlung
ausglühen
im Einsatz härten
härten
vergüten

Verschönernde Bearbeitung
blankmachen
polieren
mattieren
ätzen
beizen
hämmern
mustern

Überzug
streichen
spritzen
spachteln und streichen
lackieren
verbleien, verzinnen, verkupfern usw.
emaillieren
überziehen mit Gummi
überziehen mit Leder
brünieren (färben)
schwarzbrennen

Verbindungen
kleben
leimen
einkitten
weichlöten
hartlöten
schweißen
zusatzschweißen
einwalzen
aufwalzen
falzen
bördeln
aufpressen
aufschrumpfen

Dichtungen gegen Gas und Flüssigkeit
dichten
stemmen
vergießen

Verschiedenes
Probedruck ......
Wärme isolieren
elektrisch isolieren
imprägnieren
treiben
drücken
pressen
prägen
lochen (perforieren)
rauhen
rändeln ||||||||||||||
kreuzrändeln ▓▓▓▓▓▓▓▓▓▓
kordeln   ▧▧▧▧▧▧

März 1924.

---

[1]) Die Wortangaben gelten für die in der Metallindustrie, besonders im Maschinenbau, am häufigsten vorkommenden Bearbeitungs- und Behandlungsverfahren. Sie sind auf Zeichnungen, Stücklisten und Arbeitskarten zu verwenden.
Beispiele für die Anwendung in Verbindung mit Bezugshaken und Oberflächenzeichen siehe DIN 200, Blatt 2.

[2]) Für die nach DIN 140 durch Oberflächenzeichen gekennzeichneten Bearbeitungsangaben (kratzen, schruppen und schlichten) sind auf Zeichnungen nur die Zeichen, nicht aber die Wortangaben zu verwenden.

[3]) Reichen die Oberflächenzeichen nach DIN 140 zur Kennzeichnung der erforderlichen Bearbeitung nicht aus, so können die hier angeführten Wortangaben für höchste Oberflächengüte in Verbindung mit zwei Dreiecken $\left(\overline{\bigtriangledown\bigtriangledown}\right)$ zur Anwendung kommen (Endmaßfläche).

Soll die Angabe in dieser Form, z. B. bei der in der Fertigung häufig vorkommenden Bearbeitungsangabe „nachschleifen" (nach dem Schruppen und Schlichten mit dem Stahl, z. B. bei Zylinderflächen) nicht wörtlich gemacht werden, so sind neuartige Zeichen für solche Feinschlichtarbeiten hoher Güte nicht aufzustellen, sondern es ist, ausgehend von dem normalen Schlichtzeichen $\bigtriangledown$, ein sinngemäß erweitertes Zeichen $\bigtriangledown\bigtriangledown$ zu wählen.

[4]) Wiedergabe erfolgt mit Genehmigung des NDI. Verbindlich für die vorstehenden Angaben bleiben die Dinormen. Normblätter sind durch den Beuthverlag G. m. b. H., Berlin SW 19, Beuthstr. 8, zu beziehen.

Zeichnungsnormen.

Sinnbilder für Niete und Schrauben bei Eisenkonstruktionen (DIN 139)[1].

Niete.
Sinnbilder für Nietdurchmesser.

Durchmesser des fertig geschlagenen Nietes mm	11	14	17	20	23	26
Sinnbild						

Sinnbild für Nietdurchmesser (Fortsetzung).

Durchmesser des fertig geschlagenen Nietes mm	29	32	35	38	41	44
Sinnbild	Kreis mit Maßangabe z. B. ⊕ 32					

In Stücklisten und bei Bestellungen ist der Rohnietdurchmesser anzugeben (siehe DIN 123, 124, 302, 303 Blatt 1).

In Konstruktionszeichnungen bis zum Maßstab 1:5 genügt für die Sinnbilder die Größe des Schaftdurchmessers; bei kleineren Maßstäben ist der Deutlichkeit halber die Größe des Kopfdurchmessers zu wählen.

Für geschlagene Niete unter 11 mm wird für Kennzeichnung ebenfalls das + Zeichen wie für den 11 mm Niet verwendet, jedoch das Maß des geschlagenen Nietdurchmessers beigefügt, z. B. für den 9,5 mm geschlagenen Niet: $+^{9,5}$.

Vorstehende Zeichen gelten für die am meisten vorkommende Nietart mit beiderseitigem Halbrundkopf. Andere Nietarten müssen durch zusätzliche Sinnbilder nach folgender Tabelle gekennzeichnet werden:

Sinnbilder für Nietarten.

	Versenkt			Halbversenkt			Montage-Niet
Zusatz-Sinnbild	Oberer Kopf	Unterer Kopf	Beiderseits	Oberer Kopf	Unterer Kopf	Beiderseits	
Beispiel für 23 mm geschlagenen Niet							

Schrauben.
Sinnbilder für Schraubendurchmesser.

Durchmesser	5/16″ 8 mm	3/8″ 10 mm	1/2″	5/8″	3/4″	7/8″	1″
Sinnbild							

Durchmesser	1 1/8″	1 1/4″	1 3/8″	1 1/2″	1 5/8″	1 3/4″
Sinnbild	Kreis mit Maßangabe z. B. ⊕ 1 5/8″					

Oktober 1921.

[1] Wiedergabe erfolgt mit Genehmigung des NDI. Verbindlich für die vorstehenden Angaben bleiben die Dinormen. Normblätter sind durch den Beuthverlag G. m. b. H., Berlin SW 19, Beuthstr. 8, zu beziehen.

Sinnbilder für Zahnräder (DIN 37)[1].

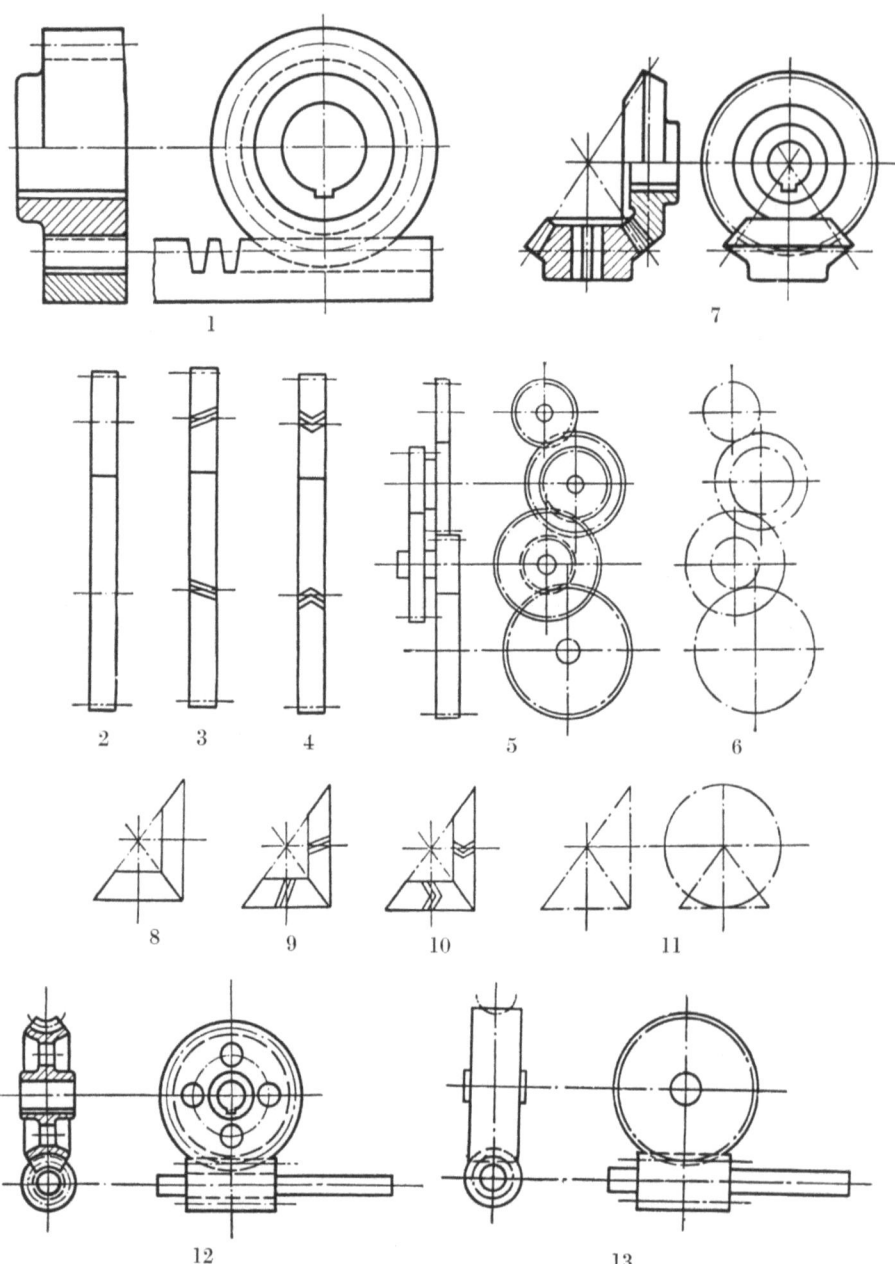

Bild 1 zeigt das ausführlichste Sinnbild eines Stirnrades mit Zahnstange. Stirnräder mit geraden, mit schrägen und mit Winkelzähnen werden nach Bild 2—4 gekennzeichnet. Das am weitesten gekürzte Sinnbild ist durch Bild 6 gegeben. Ist es wichtig, die Kopfkreise mitzuzeichnen, so sind die Stirnräder nach Bild 5 darzustellen.

---

[1] Wiedergabe erfolgt mit Genehmigung des NDI. Verbindlich für die vorstehenden Angaben bleiben die Dinormen. Normblätter sind durch den Beuthverlag G. m. b. H., Berlin SW 19, Beuthstr. 8, zu beziehen.

Sinnbilder für Zahnräder.
(Fortsetzung.)

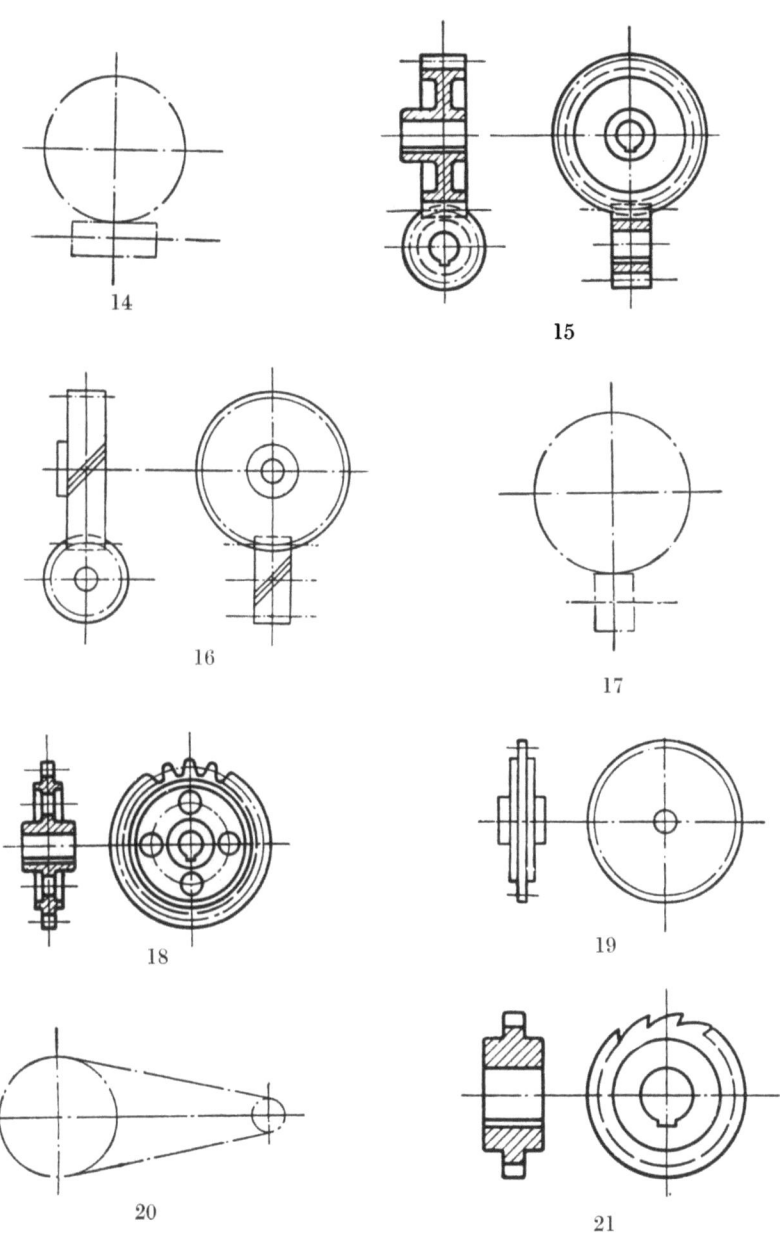

Die Bilder 7—11 gelten sinngemäß für Kegelräder, die Bilder 12—14 für Schneckenräder und die Bilder 15—17 für Schraubenräder.

Für Kettenräder gelten ähnliche Sinnbilder, Bild 18—20, ebenso für Sperr- und Schalträder, Bild 21, nur daß einige Ketten- oder Sperrzähne angedeutet werden müssen.

Februar 1921.

Sinnbilder für Schrauben-, Kegel-, Blatt- und Spiralfedern.
(DIN 29)[1]

Schraubenfedern.

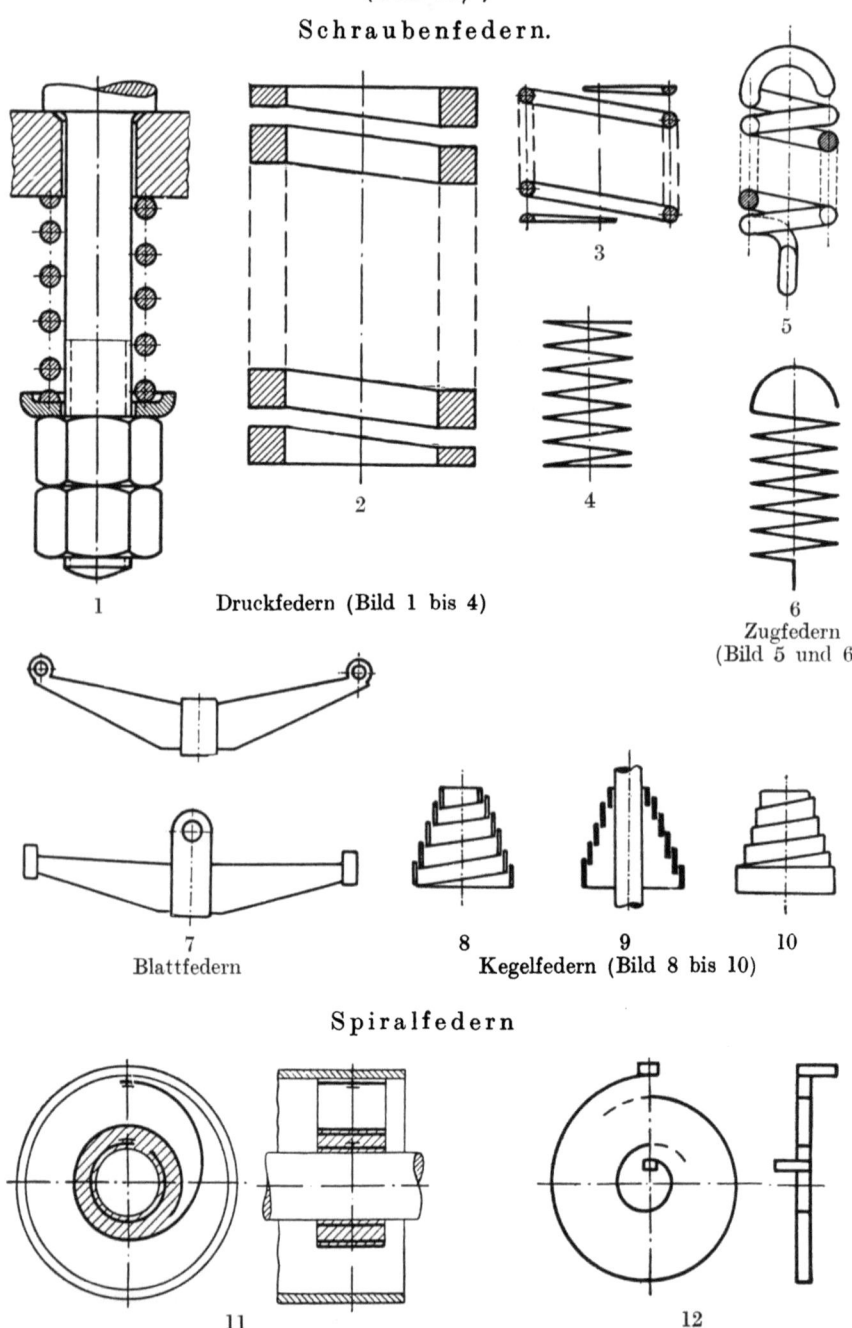

Druckfedern (Bild 1 bis 4)

Zugfedern (Bild 5 und 6)

Blattfedern

Kegelfedern (Bild 8 bis 10)

Spiralfedern

11
Triebfeder für Uhrwerke (gespannt)

12
Freischwingende Spiralfeder

[1]) Wiedergabe erfolgt mit Genehmigung des NDI. Verbindlich für die vorstehenden Angaben bleiben die Dinormen. Normblätter sind durch den Beuthverlag G. m. b. H., Berlin SW 19, Beuthstr. 8, zu beziehen.

Zeichnungsnormen.

Schriftfeld und Stückliste.
(DIN 28, Blatt 1—5)[1]).

Blatt 1.
Allgemeines.

Schriftfeld und Stückliste sind in der unteren rechten Ecke der Zeichnung anzubringen. Im Schriftfeld ist alles zu vereinigen, was an allgemeinen Vermerken zur Zeichnung gehört. Bestellerlisten und Zeichnungslisten, Schutzstempel, behördliche Genehmigungsvermerke usw. sind in den Mustern nicht enthalten; sie sind nach Bedarf dem Schriftfeld anzugliedern. Buchstaben und Ziffern sind nach DIN 16 zu schreiben, für den Vordruck auf Zeichnungen ist gleichfalls die schräge Blockschrift zu verwenden.

Schriftfeld und Stückliste sind im Aufbau den Vorlagen anzupassen. Insbesondere sind die Spalten „Stückzahlen", „Benennung und Bemerkung", „Teil" und „Werkstoff" nach den Mustern anzuordnen. An Stelle der in Klammern eingefügten Worte können auch Bezeichnungen gebraucht werden, die der Eigenart des Betriebes angepaßt sind; so kann unter anderem die Spalte „Gewichtsangaben" in mehrere Spalten, z. B. in „Rohgewicht" und „Fertiggewicht" oder in „gerechnet" und „gewogen" aufgelöst werden. Die Spalte „Teil" enthält die laufende Teilnummer (früher Pos.). Spalten, die nicht gebraucht werden, können fortfallen.

Soll der Gegenstand in nur einer Ausführungsart hergestellt werden, so genügt eine Stückzahlspalte (Muster 2 und 6), kommen dagegen mehrere Ausführungsarten (Bauart a, b, c usw.) in Frage, bei denen einige Teile des Gegenstandes in verschiedener Anzahl benötigt werden, so sind mehrere Stückzahlspalten nach Muster 1, 5 und 8 anzuordnen.

Das Feld für Änderungen kann fortfallen, wenn die in der Zeichnung bzw. Stückliste vorgenommenen Änderungen nicht im Schriftfeld ausgeführt werden (Muster 4 und 8).

Schriftfeld für große Zeichnungen (Blatt 2 und 3).

Die Muster 1 bis 4 gelten für Zeichnungen der Größen
420×594, 594×841, 841×1189 mm.

Schriftfeld und Stückliste sind in einem Abstand von 10 mm von den Kanten der beschnittenen Lichtpause anzuordnen. Für die Liste ist möglichst die 3,5 mm hohe Schrift zu benutzen.

Schriftfeld für kleine Zeichnungen (Blatt 4).

Die Muster 5 und 6 gelten für Zeichnungen der Größen
105×148, 148×210, 210×297 und 297×420 mm.

Schriftfeld und Stückliste sind in einem Abstand von 5 bis 10 mm von den Kanten der beschnittenen Lichtpause anzuordnen. Für die Liste ist möglichst die 2,5 mm hohe Schrift zu verwenden.

Muster 6 kann durch Fortlassen entbehrlicher Spalten zu einfacheren Schriftfeldern nach Muster 3 und 4 umgestaltet werden.

Muster 7 ist zu benutzen, wenn in Teilzeichnungen nur der Werkstoff, die Lager- und die Modellnummer anzugeben sind und eine Stückliste entbehrlich ist.

Bei der Blattgröße 105×148 und gegebenenfalls auch bei der Blattgröße 148×210 mm ist das Schriftfeld dem verfügbaren Platz entsprechend kleiner zu bemessen.

Getrennte Stückliste (Blatt 5).

Die von der Zeichnung getrennte Stückliste Muster 8 (verkleinert) enthält die Spalten der Zeichnungsstückliste und einige Teile des Schriftfeldes nach Blatt 1 und 2. Die Blattgröße beträgt 210×297 mm. Die Rahmenlinie der Stückliste soll links 25 mm (für den Heftrand), im übrigen 5 mm vom Blattrande entfernt sein.

Juli 1923, 3. Ausgabe (geändert).

---

[1]) Wiedergabe erfolgt mit Genehmigung des NDI. Verbindlich für die vorstehenden Angaben bleiben die Dinormen. Normblätter sind durch den Beuthverlag G. m. b. H., Berlin SW 19, Beuthstr. 8, zu beziehen.

48 Anhang.

Für große Zeichnungen (DIN 28, Fortsetzung).
Blatt 2.
Muster 1.

1. November 1920. 3. Ausgabe.

Zeichnungsnormen.

DIN 28 Blatt 3.

Muster 2 (halbe Größe).

Stückzahl	Benennungen und Bemerkungen	Teil	Zchng Nr. Lag Nr.	Werkstoff u. Rohmaße	(Bezeichnung f. Modelle u. dgl.)	(Gewichts-Angaben)
		12				
		11				
		10				
		9				
		8				
		7				
		6				
		5				
		4				
		3				
		2				
		1				

(Änderungen)

	Datum	Name		
Gezeichnet			(Unterschriften)	**(Firma)**
Geprüft				
Normgepr.				
Maßstab:	**(Aufschrift)**			**(Nummer)**
				Ersatz für
				Ersetzt durch

Muster 3 (halbe Größe).

(Änderungen)

	Datum	Name		
Gezeichnet			(Unterschriften)	**(Firma)**
Geprüft				
Normgepr.				
Maßstab:	**(Aufschrift)**			**(Nummer)**
				Ersatz für
				Ersetzt durch

Muster 4 (halbe Größe).

	Datum	Name		
Gezeichnet			(Unterschriften)	**(Firma)**
Geprüft				
Normgepr.				
Maßstab:	**(Aufschrift)**			**(Nummer)**
				Ersatz für
				Ersetzt durch

Nov. 1920. 3. Ausgabe.

Anhang.

DIN 28 Blatt 4.
Für kleine Zeichnungen.

Muster 5

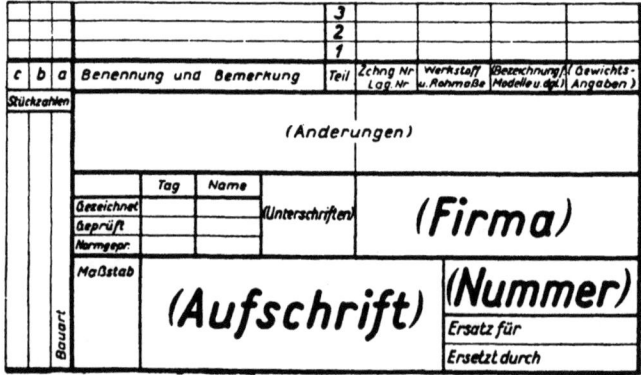

Muster 6

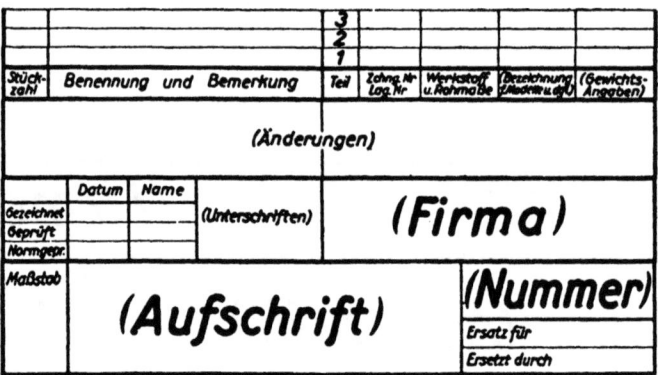

Muster 7

November 1920.

DIN 28 Blatt 5.
Getrennte Stückliste.

Muster 8 (verkleinert).

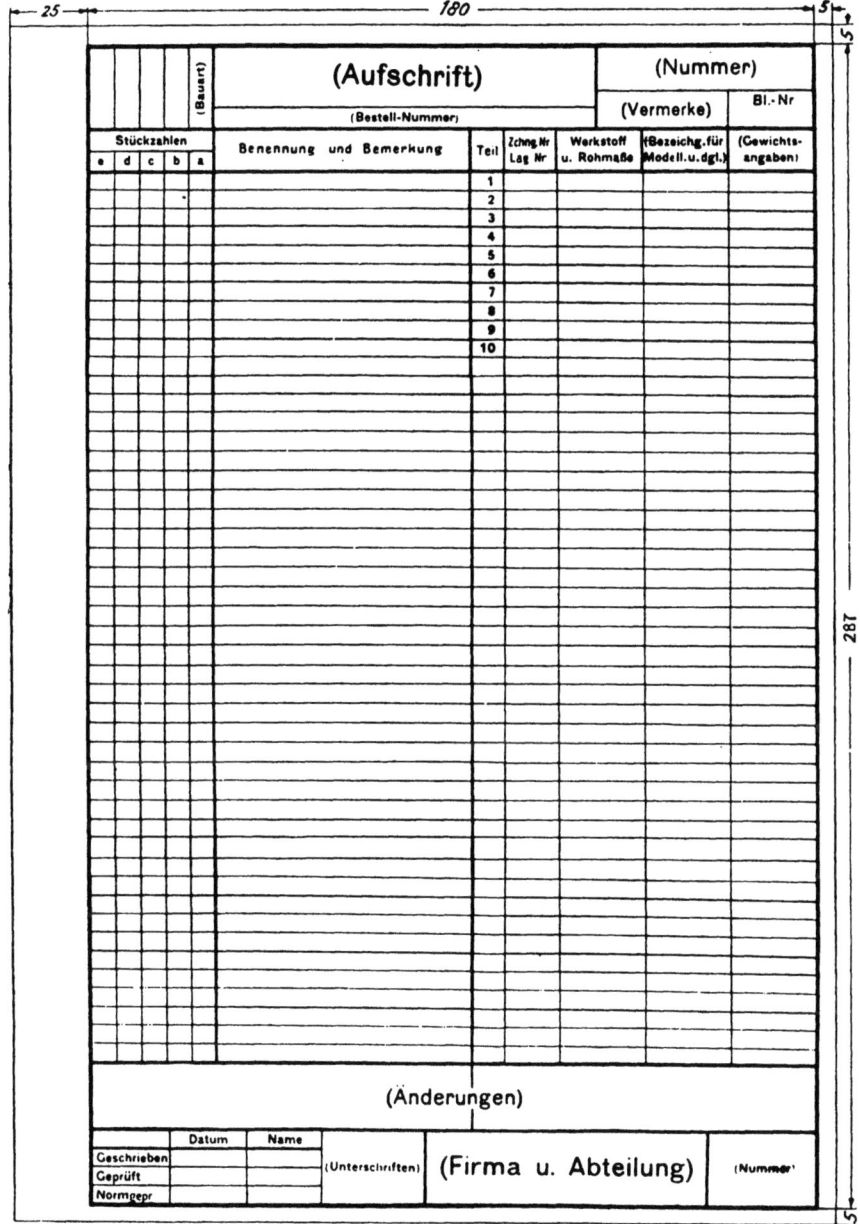

Juli 1923. 2. Ausgabe gegen 1. Ausgabe geändert.

MIX
Papier aus verantwortungsvollen Quellen
Paper from responsible sources
FSC® C105338

If you have any concerns about our products,
you can contact us on
ProductSafety@springernature.com

In case Publisher is established outside the EU,
the EU authorized representative is:
**Springer Nature Customer Service Center GmbH
Europaplatz 3, 69115 Heidelberg, Germany**

Printed by Libri Plureos GmbH
in Hamburg, Germany